解　读　地　球　密　码

丛书主编　孔庆友

鬼斧神工

地质作用

Geological Effects Superlative Craftsmanship

本书主编　戴广凯　高长亮　陈玉菡

山东科学技术出版社
・济南・

图书在版编目（CIP）数据

鬼斧神工——地质作用 / 戴广凯，高长亮，陈玉菡主编 . -- 济南：山东科学技术出版社，2016.6（2023.4 重印）
（解读地球密码）
ISBN 978-7-5331-8342-4

Ⅰ . ①鬼… Ⅱ . ①戴… ②高… ③陈… Ⅲ . ①地质作用 - 普及读物 Ⅳ . ① P51-49

中国版本图书馆 CIP 数据核字（2016）第 141246 号

丛书主编　孔庆友
本书主编　戴广凯　高长亮　陈玉菡

鬼斧神工——地质作用
GUIFUSHENGONG——DIZHIZUOYONG

责任编辑：梁天宏
装帧设计：魏　然

主管单位：山东出版传媒股份有限公司
出 版 者：山东科学技术出版社
地址：济南市市中区舜耕路 517 号
邮编：250003　电话：（0531）82098088
网址：www.lkj.com.cn
电子邮件：sdkj@sdcbcm.com
发 行 者：山东科学技术出版社
地址：济南市市中区舜耕路 517 号
邮编：250003　电话：（0531）82098067
印 刷 者：三河市嵩川印刷有限公司
地址：三河市杨庄镇肖庄子
邮编：065200　电话：（0316）3650395

规　格：16 开（185 mm × 240 mm）
印　张：8.25　　**字数：**149 千
版　次：2016 年 6 月第 1 版　　**印次：**2023 年 4 月第 4 次印刷
定　价：35.00 元
审图号：GS（2017）1091 号

普及地質科学知識
提高民族科学素質

李廷棟
2016年元月

传播地学知识，弘扬科学精神，
践行绿色发展观，为建设
美好地球村而努力。

翟裕生
2015年10月

贺 词

自然资源、自然环境、自然灾害，这些人类面临的重大课题都与地学密切相关，山东同仁编著的《解读地球密码》科普丛书以地学原理和地质事实科学、真实、通俗地回答了公众关心的问题。相信其出版对于普及地学知识，提高全民科学素质，具有重大意义，并将促进我国地学科普事业的发展。

国土资源部总工程师

编辑出版《解读地球密码》科普丛书，举行业之力，集众家之言，解地球之理，展齐鲁之貌，结地学之果，蔚为大观，实为壮举，必将广布社会，流传长远。人类只有一个地球，只有认识地球、热爱地球，才能保护地球、珍惜地球，使人地合一、时空长存、宇宙永昌、乾坤安宁。

山东省国土资源厅副厅长

编著者寄语

★ 地学是关于地球科学的学问。它是数、理、化、天、地、生、农、工、医九大学科之一，既是一门基础科学，也是一门应用科学。

★ 地球是我们的生存之地、衣食之源。地学与人类的生产生活和经济社会可持续发展紧密相连。

★ 以地学理论说清道理，以地质现象揭秘释惑，以地学领域广采博引，是本丛书最大的特色。

★ 普及地球科学知识，提高全民科学素质，突出科学性、知识性和趣味性，是编著者的应尽责任和共同愿望。

★ 本丛书参考了大量资料和网络信息，得到了诸作者、有关网站和单位的热情帮助和鼎力支持，在此一并表示由衷谢意！

科学指导

李廷栋 中国科学院院士、著名地质学家

翟裕生 中国科学院院士、著名矿床学家

编著委员会

主　　任 刘俭朴　李　琥

副 主 任 张庆坤　王桂鹏　徐军祥　刘祥元　武旭仁　屈绍东　刘兴旺　杜长征　侯成桥　臧桂茂　刘圣刚　孟祥军

主　　编 孔庆友

副 主 编 张天祯　方宝明　于学峰　张鲁府　常允新　刘书才

编　　委 （以姓氏笔画为序）

卫　伟　王　经　王世进　王光信　王来明　王怀洪
王学尧　王德敬　方　明　方庆海　左晓敏　石业迎
冯克印　邢　锋　邢俊昊　曲延波　吕大炜　吕晓亮
朱友强　刘小琼　刘凤臣　刘洪亮　刘海泉　刘继太
刘瑞华　孙　斌　杜圣贤　李　壮　李大鹏　李玉章
李金镇　李香臣　李勇普　杨丽芝　吴国栋　宋志勇
宋明春　宋香锁　宋晓媚　张　峰　张　震　张永伟
张作金　张春池　张增奇　陈　军　陈　诚　陈国栋
范士彦　郑福华　赵　琳　赵书泉　郝兴中　郝言平
胡　戈　胡智勇　侯明兰　姜文娟　祝德成　姚春梅
贺　敬　徐　品　高树学　高善坤　郭加朋　郭宝奎
梁吉坡　董　强　韩代成　颜景生　潘拥军　戴广凯

书稿统筹 宋晓媚　左晓敏

目 录

CONTENTS

地质作用概念解读

Part 2 内力地质作用

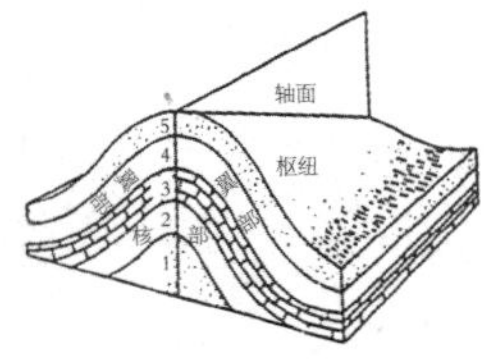

构造运动/9

构造运动是主要由地球内部能量引起的组成地球物质的机械运动。构造运动使岩石圈的物质发生变形和变位，其结果一方面引起了地表形态的剧烈变化；另一方面在岩石圈中形成了各种各样的岩石变形。

岩浆作用/18

岩浆是在地壳深处或上地幔形成的、以硅酸盐为主要成分的、炽热、黏稠并富含挥发分的熔融体。岩浆形成后，沿着构造软弱带上升到地壳上部或喷溢出地表，在上升、运移过程中，由于物理、化学条件的改变，岩浆的成分不断发生变化，最后冷凝成岩石，这一复杂过程称为岩浆作用。

变质作用/28

岩石在基本上处于固体状态下，受到温度、压力及化学活动性流体的作用，发生矿物成分、化学成分、岩石结构与构造变化的地质作用，称为变质作用。引起变质作用的主要因素有温度、压力及化学活动性流体。

地震地质作用/36

地震是地球的快速颤动。它是构造运动的一种重要表现形式，是现今正在发生构造运动的有力证据。强烈地震可引起一系列的地质作用，主要包括岩石变形、地表地形的改造等。

Part 3 外力地质作用

Part 4 地质作用的结果

地学知识窗

Part 1 地质作用概念解读

可以引起地壳的物质成分、地壳构造和地表形态等方面发生变化的作用，称为地质作用。由地球内部能源产生的地质作用，称为内力地质作用；由地球外部能源产生的地质作用，称为外力地质作用。

什么是地质作用

地球表面有耸立的高山和低洼的平原，有植物繁茂的绿洲和浩瀚无垠的海洋。乍看起来，它们似乎是平静不变的。其实，地球自形成以来，在漫长的地质历史过程中，一直处于永恒的不断运动变化之中。地壳每年要发生约500万次地震；有些火山至今还喷射着火焰，涌泄出熔岩（图1-1）；许多生活在海洋中的生物，今天已成为高山上岩层中的化石；原来沉积形成的水平岩层，今天已发生了倾斜或弯曲。再从地表的一些自然现象来看，许多河

图1-1　火山喷发

流从山区挟带碎石、泥沙奔向海洋（图1-2）；汹涌澎湃的海浪冲击着岸边的岩石；从数十米高的悬崖上倾泻着瀑布（图1-3）；从岩石裂缝中涌出清泉（图1-4）。根据这些事实不难理解，地壳确实不是平静不变的，而是无时无刻不在承受着各种作用，促使其产生运动和变化。地质学中把产生这种作用的力量称为地质营力。由地质营力引起地壳的物质成分、结构构造和地表形态等方面发生变化的作用，称为地质作用。

图1-2 长江挟带着泥沙入海

图1-3 悬崖上倾泻的瀑布

图1-4 岩石裂缝中涌出清泉

——地学知识窗——

地 壳

地壳是莫霍面以上的地球表层，其厚度在5～70 km之间。其中大陆地区厚度较大，平均约为33 km；大洋地区厚度较小，平均约7 km；总体的平均厚度约16 km，约占地球半径的1/400，占地球总体积的1.55%，占地球总质量的0.8%；地壳物质的密度一般为2.6～2.9 g/cm^3，其上部密度较小，向下密度增大。地壳为固态岩石所组成，包括沉积岩、岩浆岩和变质岩三大岩类。

地质作用的能量来源

地质作用的能量来源主要包括地球外部的能源和地球内部的能源两种。地球外部的能源主要是太阳辐射能（图1-5）和日月引力能（图1-6）。太阳以辐射的形式把热量传送到地球表面，使地表的温度发生变化。由于不同纬度地区所接收的太阳辐射量不同，空气的温度、压力出现差异，从而产生空气对流和大气环流、水圈的运动等。日月引

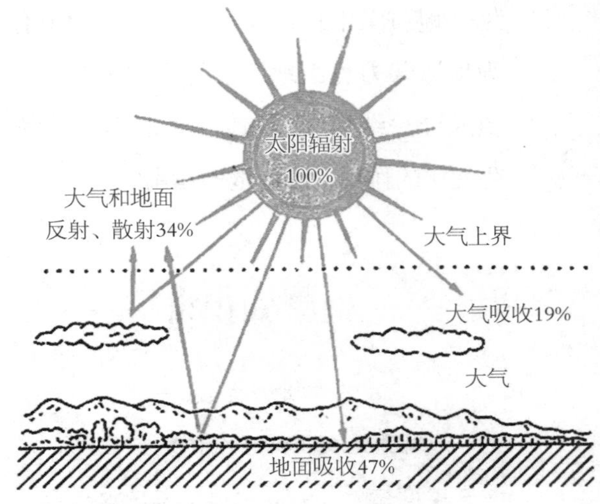

图1-5 太阳辐射能示意图

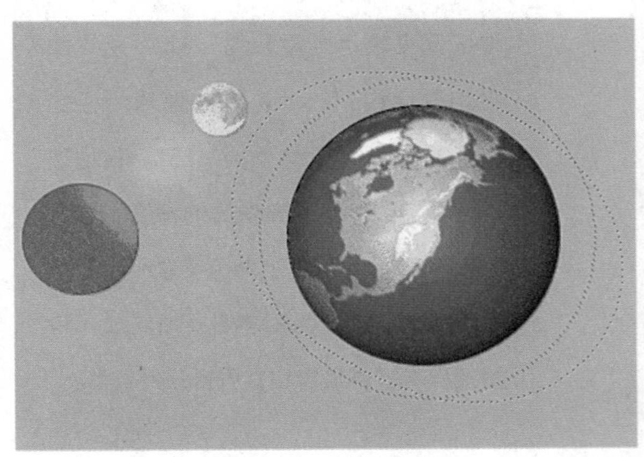

图1-6 日月引力能示意图

——地学知识窗——

太阳辐射

太阳以电磁波的形式发射出的能量，称为太阳辐射。太阳在星际空间的辐射强度，与到太阳中心的距离之平方成正比。它99.9%以上的能量在0.15～10 μm波段；约有一半的能量分布于可见光区，另一半多在近红外区，仅少量在紫外区。

力能与地球旋转能共同作用产生潮汐现象。此外，其他星体作用及陨石的撞击等也起着一定的作用。

地球内部的能源主要包括重力能、地热能、地球旋转能及化学能、结晶能等（表1-1）。

重力能是由地球内部物质的引力产生的一种能量，在重力能的作用下，物质具有从高位能的地方向低位能的地方运动的趋势。

地热能是地球内部散发出的热量，这种热量主要有以下几个来源：（1）上地幔中放射性元素蜕变产生的热能；（2）地球体积在逐渐收缩过程中，一部分重力能转变而来的热能；（3）地球形成时一部分动能转变而来并保留在地球内部的热能；（4）地壳运动过程中，动能转变而来的热能。结晶能和化学能是在地壳及地幔内部化学成分的转变以及结晶过程中产生的，常以热能的形式表现出来。地球旋转能是由地球绕地轴自转和绕太阳公转而产生的能量。

——地学知识窗——

地　幔

地幔是地球的莫霍面以下、古登堡面（深2 885 km）以上的圈层。其体积占地球总体积的82.3%，占地球总质量的67.1%，是地球的主体部分。根据地震波显示，在深达400 km和670 km处有两个次级不连续面，即科尔勒面和雷波蒂面。一般以670 km为界，可将地幔分为上地幔和下地幔两个次级圈层。

表1-1　　地球内部能源组成

地球的内部能源
- 重力能
- 地热能
  - 放射性元素蜕变产生的热能
  - 体积收缩产生的热能
  - 地球形成时一部分动能转变的热能
  - 地壳运动中动能转变的热能
- 地球旋转能
- 化学能
- 结晶能

地质作用的分类

由地球内部能源产生的地质作用称为内力地质作用（表1–2）；由地球外部能源产生的地质作用称为外力地质作用（表1–3）。根据地质作用的性质、方式和结果的不同，将内力地质作用分为构造运动、岩浆作用、变质作用；将外力作用分为风化作用、剥蚀作用、搬运作用、沉积作用和成岩作用。

表1–2　内力地质作用分类

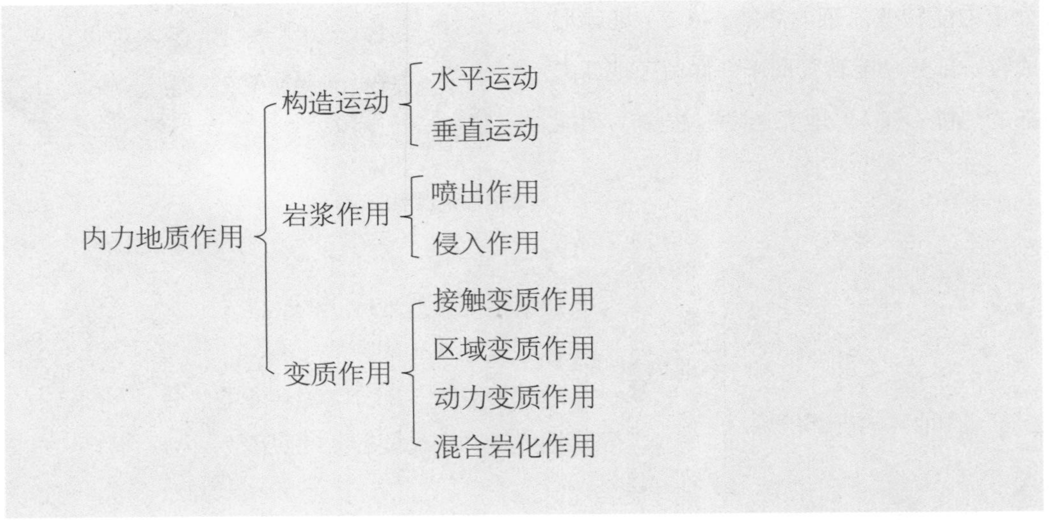

表1-3 外力地质作用分类

- 外力地质作用
  - 风化作用
    - 物理（机械）风化作用
    - 化学风化作用
    - 生物风化作用
  - 剥蚀作用
    - 按方式：机械、化学、生物剥蚀作用
    - 按营力：地面流水（洪流、片流、河流）、地下水、湖泊、海洋、冰川、风的剥蚀作用
  - 搬运作用
    - 按方式：机械、化学、生物搬运作用
    - 按营力：地面流水（洪流、片流、河流）、地下水、湖泊、海洋、冰川、风的搬运作用
  - 沉积作用
    - 按方式：机械、化学、生物沉积作用
    - 按营力：地面流水（洪流、片流、河流）、地下水、湖泊、海洋、冰川、风的沉积作用
  - 成岩作用
    - 压实作用
    - 胶结作用
    - 重结晶作用

Part 2 内力地质作用

由地球内部能源产生的地质作用称为内力地质作用，根据地质作用的性质、方式和结果的不同，将内力地质作用分为构造运动、岩浆作用、变质作用等。

构造运动

构造运动是主要由地球内部能量引起的组成地球物质的机械运动。构造运动使地壳或岩石圈的物质发生变形和变位，其结果一方面引起了地表形态的剧烈变化，如山脉形成、海陆变迁、大陆分裂和大洋扩张等；另一方面在岩石圈中形成了各种各样的岩石变形，如地层的倾斜与弯曲、岩石块体的破裂与相对错动等。此外，构造运动还是引起岩浆作用与变质作用的重要原因，并且对地表的各种表层地质作用具有明显的控制作用。因此，构造运动在地质作用中处于最重要的地位。

一、构造运动的基本方式

构造运动按其运动方向可分为垂直运动和水平运动两类。

1. 水平运动

水平运动是指地壳或岩石圈物质平行于地表，即沿地球切线方向的运动。水平运动常表现为地壳或岩石圈块体的相互分离拉开、相向靠拢挤压或呈剪切平移错动，它可造成岩层的褶皱与断裂，在岩石圈的一些软弱地带则可形成巨大的褶皱山系。因此，传统的地质学常把产生强烈的岩石变形（褶皱与断裂等）并与山系形成紧密相关的水平运动称为造山运动。其有三种基本形式：一是相邻块体分离；二是相邻块体相向汇聚；三是相邻块体剪切、错开。

经测量能够准确测定岩石圈块体水平运动的速度。全球各大陆就是最巨大的块体，其水平运动的速度是每年几毫米到数厘米。

2. 垂直运动

垂直运动是指地壳或岩石圈物质垂直于地表，即沿地球半径方向的运动。垂直运动常表现为大面积的上升、下降或升降交替运动，它可造成地表地势高差的改变，引起海陆变迁等。

水平运动与垂直运动是构造运动的两个主导方向。实际上，对于某一个地区，水平运动与垂直运动常常兼而有之，但以某种方向的运动为主，而以另一种方向的运动为辅。因而，各种性质的构造运动实际上是相互联系的。

二、构造变形与地质构造

沉积岩与火山岩形成之初呈水平状态，而且在一定范围内是连续分布的，只在沉积盆地及岛屿的边缘，或火山锥的附近等局部地区，岩层呈原始倾斜状态；侵入岩则具有整体性。经构造运动以后，岩层由水平状态变为倾斜或弯曲，连续的岩层被断开或错动，完整的岩体被破碎等，它们原有的形态和空间位置就发生改变，这种改变称为构造变形。在外力作用（如滑坡）下岩石也能发生变形。

构造变形的产物称为地质构造。最基本的地质构造有褶皱和断裂。

1. 褶皱

褶皱是岩层受力变形产生的连续弯曲，其岩层的连续完整性没有遭到破坏，它是岩层塑性变形的表现。褶皱的形态多种多样，规模有大有小。小的在手标本中可见，大的宽达几十公里、延伸长达几百公里。褶皱中的单个弯曲称为褶曲。

（1）褶皱的要素

褶皱的组成部分称为褶皱的要素。为了正确描述和研究褶皱构造，必须弄清褶皱的各个组成部分及其相互关系。褶皱的要素主要有核、翼、转折端、枢纽、轴面等（图2-1）。

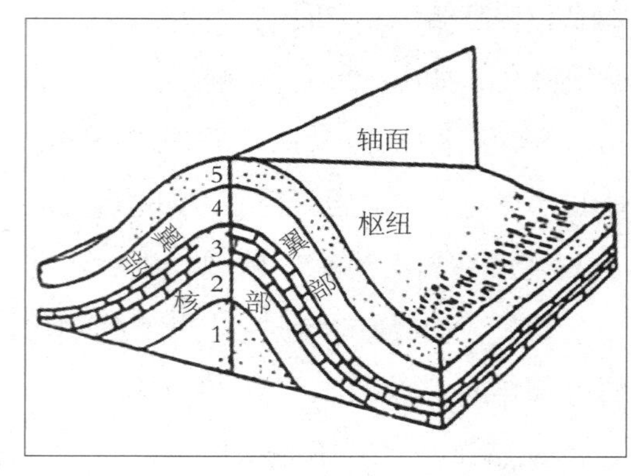

图2-1　褶皱要素示意图
（图中1、2、3、4、5代表地层从老到新的顺序）

核：组成褶皱中心部分的岩层叫核。它的范围是相对的，一般只把位于褶皱内部的某一地层定为核。如果是剥蚀后出露于地面的褶皱的核，通常是指最中心的地层。

翼：褶皱核部两侧的岩层称为翼。相邻的两个褶曲之间的翼是共有的。

转折端：从褶皱的一翼向另一翼过渡的弯曲部分称为转折端。它是连接两翼的部分，其形态多为圆滑弧形，有时也呈尖棱状、箱状或扇状。

枢纽：组成褶皱的岩层的同一层面上最大弯曲点的连线叫枢纽。枢纽可以是直线，也可以是曲线或折线。

（2）褶皱的基本类型

褶皱的基本类型有两种，即背斜和向斜（图2-2）。背斜在形态上是向上拱的弯曲，其两翼岩层一般相背倾斜（即以核部为中心分别向两侧倾斜），经剥蚀后出露于地表的地层具有核部为老地层、两翼岩层依次变新的对称重复特征。向斜在形态上是向下凹的弯曲，其两翼岩层一般相向倾斜（即两翼均向核部倾斜），经剥蚀后出露于地表的地层具有核部为新地层、两翼地层依次变老的对称重复特征。背斜形成的上拱及向斜形成的下凹形态，经风化剥蚀后，并不一定与现在地形的高低一致。背斜可以形成山岭，但也可以是低地；向斜可以是低地，但也可以构成山岭。因此，地形上的高低并不是判断背斜与向斜的标志。

褶皱的基本类型虽然只有两种，但褶皱的具体形态却多种多样。为了便于描述和研究褶皱的形态，可以根据褶皱

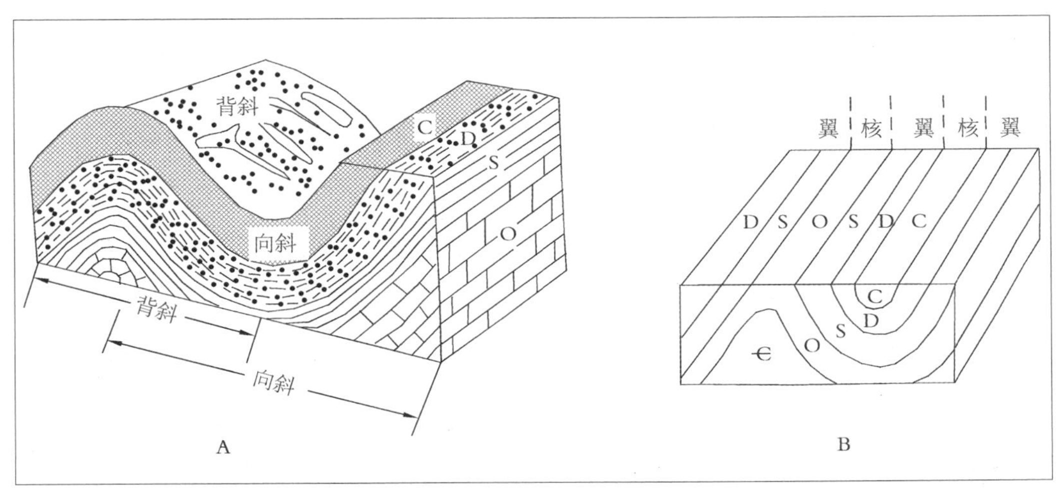

图2-2　褶皱的基本类型示意图
A. 未剥蚀时的形态；B. 剥蚀后平面岩层的对称排列

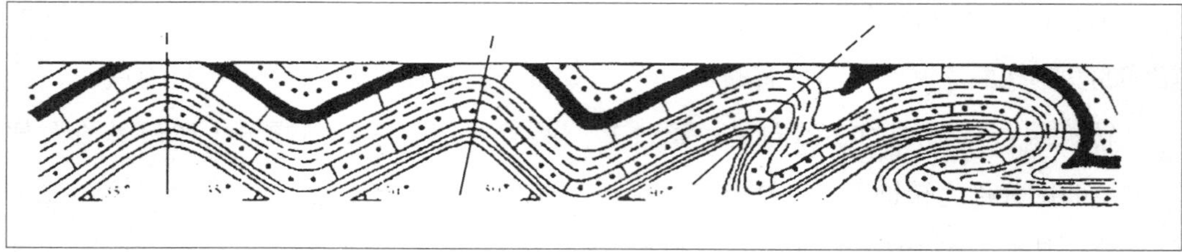

图2-3 根据轴面产状划分的褶皱类型
图中褶皱从左到右为直立褶皱、斜歪褶皱、倒转褶皱、平卧褶皱

的某些要素进行形态分类。如按照褶皱轴面产状可分为四种类型（图2-3）：

直立褶皱：轴面近于直立，两翼倾向相反、倾角大小近于相等。

斜歪褶皱：轴面倾斜，两翼岩层倾向相反、倾角大小不等。

倒转褶皱：轴面倾斜，两翼岩层朝同一方向倾斜，倾角大小不等，其中一翼岩层为正常层序，另一翼为倒转层序，如两翼岩层倾角大小相等，则称为同斜褶皱。

平卧褶皱：轴面及翼岩层产状均近于水平，其中一翼岩层正常，另一翼为倒转。

（3）褶皱构造的形成时代

褶皱的形成时代，通常是根据区域性的角度不整合的时代来确定。基本原则是，褶皱的形成年代为组成褶皱的最新岩层年代之后，覆于褶皱之上的最老岩层年代之前。

2. 断裂

断裂是岩石的破裂，是岩石的连续性受到破坏的表现。当作用力的强度超过岩石的强度时，岩石就要发生断裂。断裂的存在是构造运动的另一直观反映。

断裂包括断层与节理两类。

（1）节理的种类

节理是岩石中极为普遍的一种断裂构造，它常成组出现，并沿着一定方向呈有规律的排列。节理的大小很不一致，短者仅有几厘米长，长者可达几十米或更长。其破裂的情况也不相同，有的是张开的，也有的是闭合的，其明显程度也不一样。根据形成节理的力学性质不同，可把节理分为张节理和剪节理两种。如图2-4所示。

张节理：是在张应力作用下形成的。其节理面参差不齐、粗糙，常呈锯齿状。如果张节理发生在砾岩中，节理面往往绕过砾石。一般张节理延长距离较短。从垂

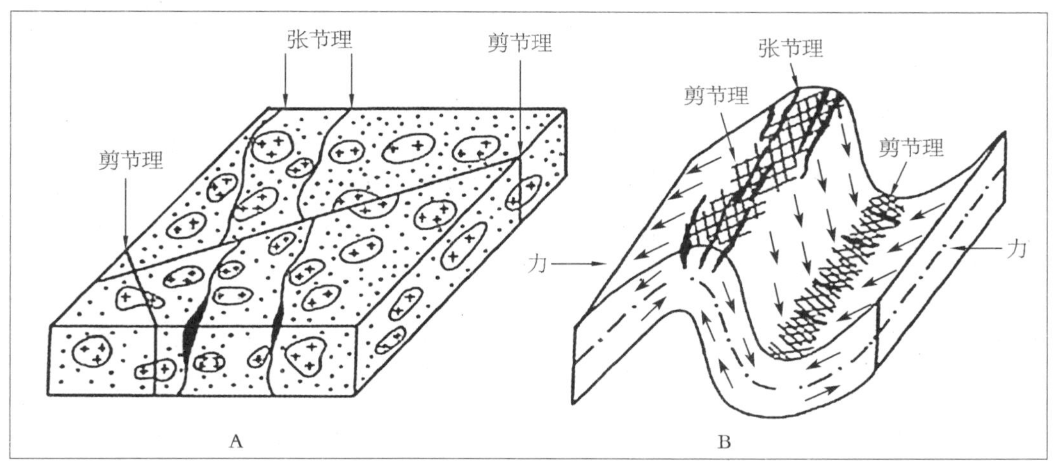

图2-4　节理示意图

A. 砾岩中的张节理、剪节理　B. 褶皱核部节理

直节理面的断面观察，其裂口上大下小，呈楔形，深度不大。在背斜构造的顶部或较大的隆起区常见这种节理。

剪节理：是由于岩石遭受剪应力作用而形成的。剪节理常成对出现，即由两组节理组成，两组节理呈交叉状，故又称“X”形节理。节理面平直而光滑，它能把砾石切断、错开，节理延伸较长，有时在节理面上可有摩擦的痕迹。剪节理一般在褶皱构造的两翼部位较清楚，有时一组较明显，另一组较隐蔽。

（2）断层

断层是岩层或岩体沿破裂面发生明显位移的构造。

①断层的几何要素：断层的要素包括断层面、断盘等（图2-5）。

断层面：分隔两个岩块并使其发生相对滑动的面。断层面有的平坦光滑，有的粗糙，有的略呈波状起伏。断层面呈面状，它的走向、倾向和倾角称为断层面的产状要素。

断盘：断层面两侧相对移动的岩块称作断盘。当断层面倾斜时，断盘有上、下之分，位于断层面以上的断块叫上盘，位于断层面以下的断块叫下盘。断层面为

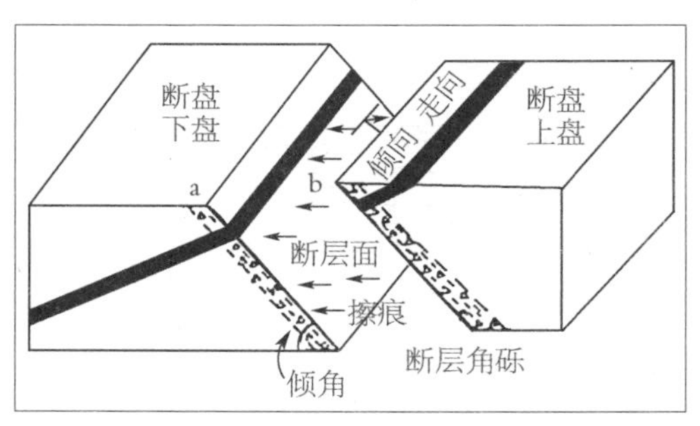

图2-5　断层的要素示意图

直立时，往往以方向来说明，如称为断层的东盘或西盘。如按两盘相对运动来分，相对上升的断块叫上升盘，相对下降的断块叫下降盘。上升盘与上盘不见得是一致的，上升盘既可以是上盘，也可以是下盘；下盘既可以是上升盘，也可以是下降盘。

②断层的基本类型：按断层两盘相对运动的特点，断层可分为三种基本类型（图2–6）：

正断层：上盘向下滑动，两侧相当的岩层相互分离。

逆断层：上盘向上滑动，上盘掩覆于下盘之上。逆断层中断层面倾角平缓，倾角小于25° 者，称为逆掩断层。

平移断层：被断岩块沿断层面作水平滑动，断层面常近于直立。根据相对滑动方向，平移断层分为左旋与右旋两类：观察者位于断层一侧，对侧向左滑动者称为左旋，对侧向右滑动者称为右旋。

断层如兼有两种滑动性质，可复合命名，如平移–逆断层，逆–平移断层。前者表示以逆断层为主兼有平移断层性质，后者表示以平移断层为主兼有逆断层性质。

③断层的识别标志：在野外，可根

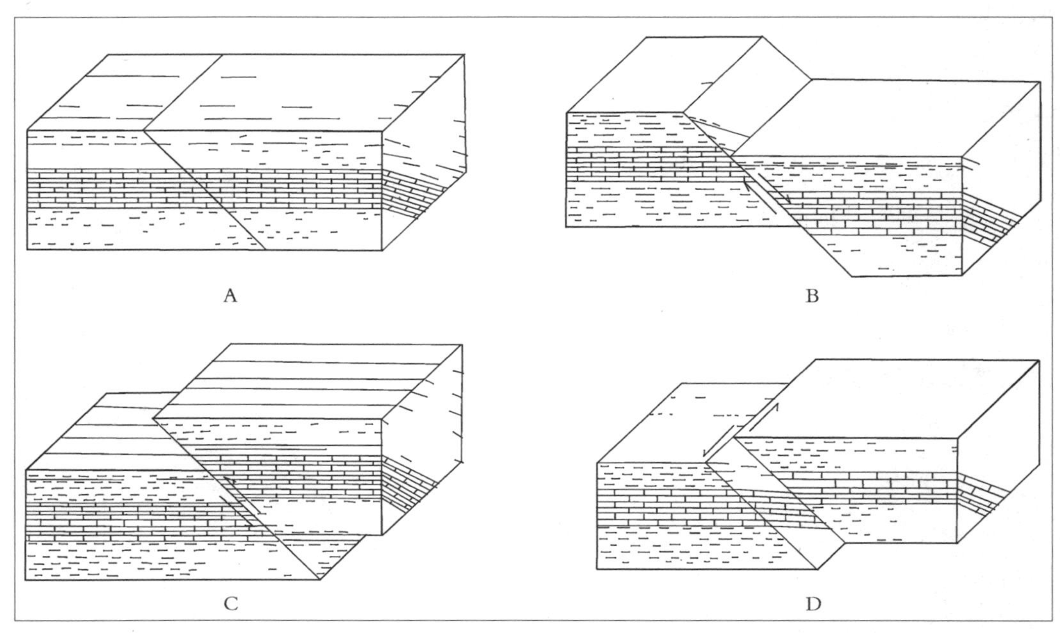

图2–6　几种断层示意图

A. 岩层未断开前情况；B. 正断层；C. 逆断层；D. 平移断层

据下述几方面的标志去识别断层及判断断层的运动：

构造线和地质体的不连续。岩层、含矿层、岩体、褶皱轴等地质体或地质界线等在平面和剖面上突然中断、错开的现象，说明可能有断层存在。但要注意与不整合界面、岩体侵入接触界面等造成的不连续现象加以区别。

地层的重复与缺失。在一区域内，按正常的地层层序，如果出现有某些地层的不对称重复，某些地层的突然缺失或加厚、变薄等现象，这都可能是断层存在的标志。

擦痕、摩擦镜面、阶步及断层岩。断层面上平行而密集的沟纹称为擦痕，局部平滑而光亮的表面称为摩擦镜面。断层面上往往还有与擦痕方向垂直的小陡坎，其陡坡与缓坡呈连续过渡，称为阶步。它往往是断层间歇性活动或因断层运动受到某种阻力而形成的。擦痕、摩擦镜面及阶步均是断层滑动的直接证据。此外，擦痕的方向指示断层的相对运动方向，其中，手摸擦痕面时感到光滑的方向即为对盘运动的方向；阶步的陡坡倾斜方向也指示断层对盘的运动方向。断层带中因断层而形成的动力变质岩类称为断层岩或构造岩。如断层角砾岩、糜棱岩、断层泥等。断层岩不仅是断层存在的岩石标志，而且断层岩的特征还能反映断层的性质、运动方向及形成的物理环境等。

地貌及水文标志。较大规模的断层在山前往往形成平直的陡崖，称断层崖。断层崖如被沟谷切割，便形成一系列三角形的陡崖，称断层三角面。此外，山脊、谷地的互相错开，洪积扇的错断与偏转，水系突然直角拐弯，泉水沿一定方向呈线状分布，湖泊、沼泽呈条带状断续分布，都可能是存在断层的间接标志。

④断层的形成时代：断层的形成时代主要根据断层与地层的切割关系来确定，如果断层切过了一套地层，则断层的形成时代应晚于这套地层中最新的地层时代；当断层又被另一套地层所覆盖时，则断层的形成时代要早于上覆地层中最老的地层时代。

三、岩石圈板块运动

板块构造学说认为，刚性的岩石圈是“漂浮”于软流层（或低速带）之上的，其厚度为70～100 km（陆壳与海洋壳有差异）。但这种刚性的岩石圈并不是一个整体，而是被不同性质的断裂或边界分割为许多板块。

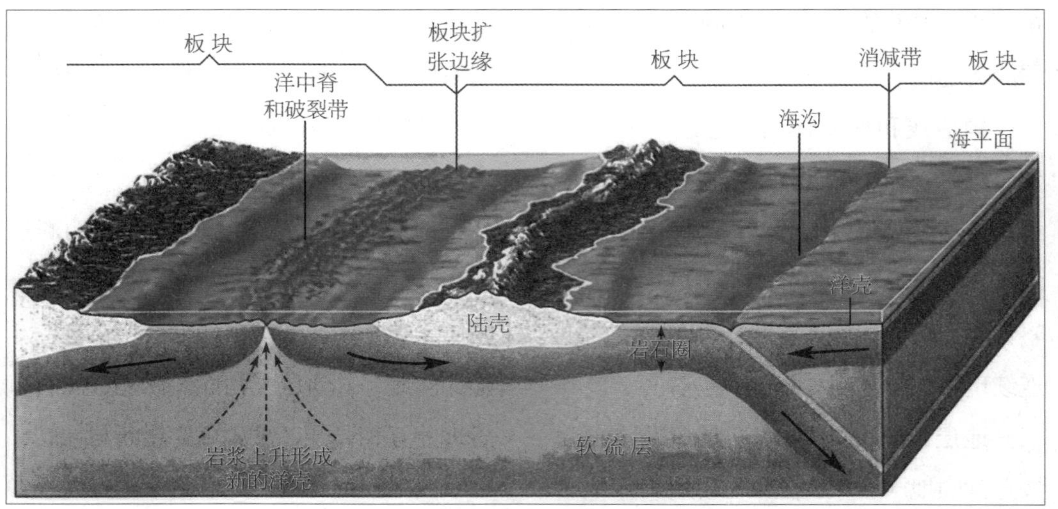

图2-7 板块运动

这些大、中、小的板块，因受其下部地幔物质对流的驱动，使它们发生相对运动（图2-7）。这种运动是以水平运动为主导的。各板块之间的边界往往为深大断裂构造。板块运动时，还会引起岩浆活动、变质作用、地震作用，并引起地表沉积环境的变化。

板块以每年数厘米的速度不停地运动着，它的相对运动方式有以下三种：

1. 离散运动

离散运动是指两个板块相背的运动，拉张处基性和超基性岩浆不断上涌，形成新的岩石圈。这里好像是制造新地壳的“工厂”，新“生产”的地壳不断扩展，并推动着两侧较老地壳向相反方向运

——地学知识窗——

板 块

地球的岩石圈层并不是整体一块，而是被一些构造活动带（洋中脊、岛弧海沟系，转换断层）所分割，形成若干个不连续的板状块体。这些板状块体被称为板块。每个板块的厚度由50～60 km到150 km不等。其范围大小也各不相同，有人按其大小划分为大、中、小板块，而有人则划分为巨板块、板块、微板块和亚板块。全球地壳可大致分为欧亚、太平洋、印度洋、非洲、美洲和南极洲六大板块。

动。这种新地壳的生长地，也是新板块的边界，即板块的生长边界。东非长达2 900 km的裂谷系统被认为是板块被拉张破裂最初阶段的产物。

2. 汇聚运动

汇聚运动是一种挤压而敛合性的相向运动，即两板块发生相向挤压运动，产生碰撞。一个板块可以俯冲到另一个板块之下，形成板块间的叠覆现象。俯冲下去的板块葬身（消亡）于上地幔之中，造成板块的消减，故有人又称为板块的消亡边界。板块碰撞的地方构造活动强烈，常发生强烈地震，岩浆活动频繁并伴有变质作用发生，往往形成地球上新的造山带。海陆边界地带的山脉和岛弧、海沟就是板块碰撞的产物。如印度洋板块与欧亚板块碰撞使古特提斯海完全闭合，形成雄伟的喜马拉雅山脉。

3. 侧向错动

当海底分裂，两侧板块发生相背的水平移动时，由于移动速度不一，于是就在大致垂直于分裂带的地方发生许多近于平行的断层。这种断层看上去有点像平移断层，实际上它与平移断层不同。这种断层一面向两侧分裂，一面发生水平错动。它与平移断层的相似之处在于错开了洋脊，但错距不大；与平移断层不同，被错开的洋脊段落外的两盘位移方向为同向，以至同步。1965年，威尔逊称这种断层为转换断层。这种断层也可形成板块边界，称为转换断层边界。如图2-8所示。

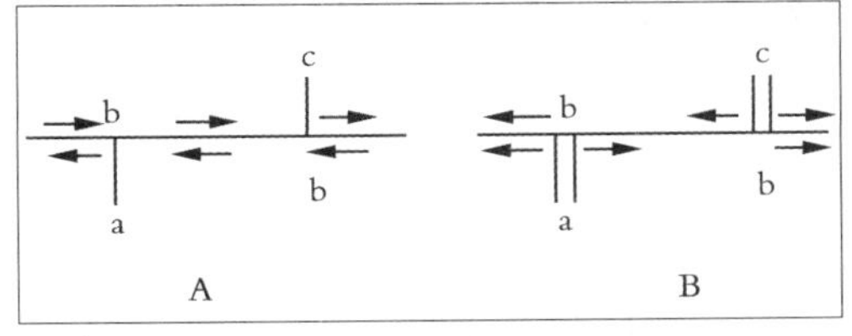

图2-8　平移断层与转换断层的区别
A. 平移断层；B. 转换断层

上述板块的三种运动方式形成不同的板块边界，它们也是划分板块的根据，但它们都是大洋及大陆与海洋接触部位的边界。在大陆内部，板块边界的划分可以以地缝合线为依据。地缝合线是两个大陆板块相向移动造成的，它们的前缘由于相互碰撞挤压，地壳发生强烈变形，从而形成褶皱山脉并伴有岩浆侵入活动及变质作用。地缝合线是寻找古板块构造的重要标志。

岩浆作用

岩浆这个词最早来源于希腊，原意是指一种似粥状物。据对近代活火山的观察，发现在火山活动时不但有气体及碎屑自火山口喷出，而且还有炽热的熔融物质自火山口溢流出来。目前一般认为，岩浆是在地壳深处或上地幔形成的、以硅酸盐为主要成分的、炽热、黏稠并富含挥发分的熔融体。岩浆形成后，沿着构造软弱带上升到地壳上部或喷溢出地表，在上升、运移过程中，由于物理、化学条件的改变，岩浆的成分又不断发生变化，最后冷凝成为岩石，这一复杂过程称为岩浆作用，所形成的岩石称为岩浆岩。

一、喷出作用与喷出岩

1. 火山喷发现象与喷发类型

喷出作用又称为火山作用。火山喷发过程极为复杂，在不同地区以及不同的岩浆作用阶段，所喷出的物质和喷发类型各不相同。有的喷发很平静，岩浆沿裂隙通道上升，缓慢地流出地表，边流动边冷凝；有的非常强烈，岩浆喷出时具有猛烈的爆炸现象，可将大量的气体、岩浆团块和固体碎屑喷射到火山口以外，在火山口上空形成巨大烟柱。由于岩浆的化学成

——地学知识窗——

活火山、休眠火山、死火山

活火山：现在还具有喷发能力的火山。也有人认为在全新世喷发过的火山均属此类。休眠火山：现在没有喷发，但在历史时期喷发过，并在将来有可能喷发的火山。因此，活火山和休眠火山之间没有严格的区别。死火山：现在没有喷发，将来也不可能再喷发的火山。

分、物理性质、火山通道的形状及喷发环境等的不同，喷发类型是多种多样的。按火山通道的形状，可分为裂隙式喷发和中心式喷发。

（1）裂隙式喷发

岩浆沿一个方向的大断裂或断裂群上升，喷溢出地表，称为裂隙式喷发（图2-9）。这种喷发火山口不呈圆形，而是长达数十公里以上的断裂带，或者火山口沿断裂带成串珠状排列，往下可连成墙状通道。裂隙式喷发以黏性小、流动性大的基性熔浆为主，多表现为沿裂隙缓慢溢出，然后沿地面向各个方向流动而形成熔岩被，面积可达几十万平方千米，厚达几百米甚至超过千米。在地质历史早期，由于地壳较薄，因而火山喷发以裂隙式为主。现代或近代裂隙式喷发主要局限在大洋中脊和大陆裂谷带上。大洋中脊上的裂谷，是全球规模的张裂系统，由于其反复裂开和玄武质岩浆的喷发与充填，构成了洋壳的一部分。大陆上的裂隙式喷发，如四川峨眉山二叠纪玄武岩，覆盖了四川、云南、贵州三省交界的广大地区。

（2）中心式喷发

喷发物沿火山喉管喷出地面，平面上成点状喷发，称为中心式喷发（图

图2-9 裂隙式喷发

2-10）。火山喉管多位于两组断裂的交叉点上。这种喷发是中、新生代以至现代火山活动的主要方式，可能是由于地壳逐渐加厚、压力增大，多数情况下岩浆只能沿着断裂交叉处形成的通道往上运移的缘故。中心式喷发常伴随有强烈的爆炸现象，除喷出大量气体外，还喷出大量碎屑物质，最后溢出熔浆。按照爆炸的强弱程度，可将中心式喷发分为猛烈式、宁静式和递变式三种。

猛烈式又称培雷式，以猛烈爆炸的形式出现，具有突然性特点，会给人类带来巨大灾难。这种喷发以中酸性岩浆为主，由于其含气体多、黏性大、流动慢、冷凝快，因此常在火山喉管中凝固，像"塞子"一样堵住火山通道。随着下部岩浆的不断聚积，内部压力积累得极为强大，当压力大于"塞子"阻力时，就会发生骤然的猛烈爆炸。岩石被炸碎，大量气体、岩屑和岩浆团块喷向天空，然后再降落到火山口周围堆积。这类火山以西印度群岛上的培雷火山为代表。1902年5月8日，培雷火山突然爆发，山脚下一座海岸城市圣皮尔在几分钟内便被灼热的火山灰流所毁灭，28 000名居民除两人外全部遇难。

图2-10 中心式喷发

宁静式又称夏威夷式，以宁静地溢流出炽热熔浆为其特点，无爆炸现象。岩浆以基性为主，具有含气体少、黏度小、流动快的特点。夏威夷群岛的莫纳罗亚火山是世界上最大的活火山，它的熔浆溢出十分宁静，以致人们可到现场观看，是此类火山的代表。

递变式是以猛烈式和宁静式有规律地交替喷出为特点，多数火山属于这种类型。通常是先猛烈喷发，喷出大量气体和岩屑，随后转为宁静地溢流出熔浆，反复交替出现。著名的意大利维苏威火山就属于这种类型，该火山喷发具有明显的周期性。

2. 火山喷出物

火山喷出的物质有气态喷出物、液态喷出物和固态喷出物三种。

（1）气态喷出物

火山从开始喷发至终止时都有气体喷发（图2-11）。在岩浆向上运移的过程中，上覆岩石的压力逐渐降低，溶解在岩浆中的挥发性组分就以气体的形式分离出来。岩浆喷出后压力降低，更多的气体就进一步释放出来。气体中以水蒸气为主，含量常达70%以上；此外，有CO_2、SO_2、N_2、H_2S以及少量的CO、H_2、HCl、

图2-11　火山气体

NH_3、NH_4Cl、HF等。

气体的喷出状况能预示火山活动的进程。如果气体喷出量越来越多，硫质成分越来越浓，温度越来越高，这就是大规模火山喷发即将来临的预兆。如果气体喷出量逐渐减少，CO_2成分增多，硫质成分减少，温度降低，则表明火山活动逐渐减弱。

火山喷出的气体不是全部逸散，其中有相当一部分直接由气体凝固成凝华物堆积在火山口附近，常见的有硫黄、氯化铵、氯化钾、硫化砷等，有的可形成矿床。

（2）液态喷出物

火山喷出的液态物质称为熔浆（图2-12）。熔浆与岩浆的差别在于熔浆挥发分较少。与岩浆分类相似，按SiO_2含量，熔浆主要可分为酸性、中性和基性三类，而超基性熔浆为数不多。不同类型的熔浆黏度不同，因而流动性不同。熔浆冷凝后形成的岩石称为熔岩。

基性熔浆SiO_2含量低，挥发组分较少，温度高（1 000℃～1 200℃），冷却慢，黏性小，流动快，冷却后形成颜色较深的岩石，称为玄武岩。当基性熔浆表面冷凝成塑性薄壳，而下面熔浆仍继续流动

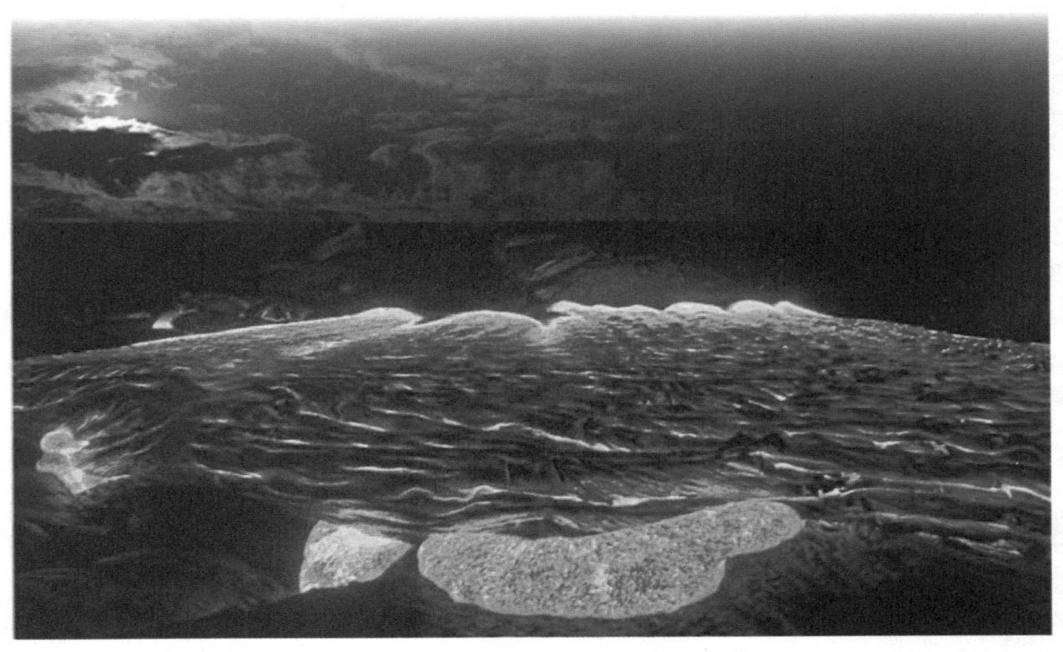

图2-12　火山熔浆

时，就会拖曳上部薄壳使其产生波状起伏，形成波状熔岩（图2-13）；如果下面熔浆还继续流动，使上部薄壳被拖引成绳状构造，则形成绳状熔岩。

酸性熔浆富含SiO_2和挥发组分，K、Na含量比Fe、Mn含量高，温度较低（多为800℃～1 000℃），冷却快，黏性大，流动慢，冷却后形成颜色较浅的岩石，称为流纹岩。酸性熔浆表面迅速冷凝成薄壳并由于强烈收缩而破裂，下面熔浆继续流动，使表层薄壳再次破碎并翻滚、黏结，形成块状熔岩。

中性熔浆SiO_2和挥发组分的含量以及其他性质介于酸性和基性熔岩之间，所形成的岩石称为安山岩。

枕状熔岩为基性岩浆水下喷发的产物。基性熔浆在水下凝固时首先表面结成硬壳，并由于冷却收缩而出现裂隙，而壳内的熔浆尚未固结，这样熔浆就可能从裂隙中流出；流出的熔浆表面又形成冷凝的硬壳，由于冷却收缩及内部压力导致硬壳又发生破裂，尚未固结的熔浆又从裂缝流出，结果使整体熔浆分成许多小股熔浆，最后冷凝固结，并因在完全硬化前受重力作用与周围物体互相挤压而成为枕状体，形成枕状熔岩，如图2-14所示。熔浆在冷凝固结过程中如果成分均匀，地形平坦，而且缓慢冷缩，就可能围绕一些大致成等距离排列的凝结中心收缩，从而形成垂直于冷凝面的裂隙，把岩石分割成多边形柱状体，这种裂隙称为柱状节理。最常见的是玄武岩中的六边形柱状节理，其次也有五边形、四边形、七边形等。福建第

图2-13　五大连池波状熔岩

图2-14　枕状熔岩

三系玄武岩、峨眉山二叠系玄武岩中的柱状节理都很发育。

（3）固体喷发物

气体的膨胀力、冲击力与喷射力将地下已经冷凝或半冷凝的岩浆物质炸碎并抛射出来；未冷凝的岩浆则成为团块、细滴或微末被击溅出来，在空中冷凝成为固体；此外，周围岩石也可以被炸碎并抛出来。所有这三类物质就构成了火山爆发的固体产物，统称火山碎屑物。火山碎屑物按其性质与大小，可以分为：

火山灰：粒径<2 mm的细小火山碎屑物。

火山砾：粒径2～64 mm，形态不规则，常有棱角（图2-15）。

图2-15　无棣大山火山砾

火山弹：粒径>64 mm，是一种岩浆喷发物，喷离火山口时为炽热的熔浆团，而后在空中旋转运移时发生不同程度的冷却或固结，落地时可呈现不同的形态（图2-16）。如落地时表层固结，可形成纺锤形火山弹、麻花状火山弹；如表层基本未固结，则形成饼状或不规则状火山弹；如整体基本固结，则呈暗色不规则渣状块体，多气孔，表面锯齿状，称为火山渣。

图2-16　火山弹

火山块：粒径>64 mm，但喷发时是固态的岩石碎块，多呈棱角状至次棱角状。火山块主要由火山通道及其附近早先形成的岩石破碎而成。

3. 喷出岩

由火山喷发物形成的岩石统称为喷出岩，又称火山岩，它包括火山碎屑岩（图2-17）和火山熔岩（图2-18）。火山碎屑岩是火山爆发的碎屑物质从空气中坠落在陆地或水下堆积固结而成的岩石。典型的火山碎屑岩含火山碎屑物质90%以上；过渡类型的火山碎屑岩含火山碎屑50%以上并混入一定数量的陆源沉积物或熔岩物质。

图2-17　火山碎屑岩

图2-18　火山熔岩

二、侵入作用与侵入岩

岩浆侵入地壳中但未喷出地表时称为侵入作用，侵入的岩浆冷凝后形成的各种各样的岩浆岩体称为侵入体，侵入体周围的岩石叫围岩。由于承受上覆岩石的压力，因而岩浆具有向压力较低的构造软弱带侵入的趋势。岩浆在向上运动时，以巨大的机械压力沿着围岩的软弱部位挤入，同时以高温熔化围岩，从而占据一定的空间。根据岩浆侵入深度的不同，可分为深成侵入作用（深度 >3 km）和浅成侵入作用（深度 <3 km），相应地，侵入体也分为深成侵入体和浅成侵入体。

1. 深成侵入体

深成侵入体形成时的温度和压力均较高，因而岩浆冷凝缓慢，岩石多为全晶质中粗粒结构。岩体规模较大，常见的有岩基、岩株两种。围岩受岩浆高温影响，变质现象较强，范围较广。

（1）岩基

岩基是侵入体中规模最大的一类，面积大于100 km^2，最大可达数万平方千米。平面上一般呈长圆形，长数十千米，甚至几千千米，宽可达100 km以上。岩基一般为中酸性岩浆冷凝而成，多由粒度较粗而成分稳定的花岗岩或花岗闪长岩等组成。我国东部地区以及秦岭、天山、阿尔泰山等地均有规模巨大的花岗岩类岩基。

（2）岩株

岩株是一种常见的侵入体，平面上近圆形或不规则状，接触面较陡，规模较大，出露面积小于100 km^2，有的岩株独立产出，有的向下与岩基相连，为岩基的顶部突起部分。

2. 浅成侵入体

浅成侵入活动接近地表，岩浆冷凝较快。矿物结晶颗粒细小，岩石常为中细粒结构或斑状结构。浅成侵入体的规模一般较小，可见底部边界，常见的有岩床、岩墙、岩盆、岩盖等。

（1）岩床

岩床又称岩席，是厚度较小而面积较大的层间侵入体，与其顶、底板围岩平行，接触面平坦，中部稍厚，向边部逐渐变薄以至尖灭。岩床的厚度差别很大，大的可达上千米，小的仅几十厘米。如果岩浆黏度小、流动快，就可形成面积很大的岩床。岩床以基性岩常见。

（2）岩墙

岩墙为厚度比较稳定且近于直立的板状侵入体，长度为厚度的几十倍甚至几千倍，厚度一般几十厘米至几十米，长几十米甚至几千米。在一个较大区域内，岩墙很少单一产出，常常是几十条、几百条有规律地分布，形成岩墙群。

（3）岩盆

岩盆为中央部分厚度大，边缘厚度小，中间微向下凹的盆状侵入体。岩盆是岩浆侵入到岩层之间（其底部因受岩浆的重力而下沉，故中央凹陷）或岩浆侵入到构造盆地中而形成的。岩盆的岩性多为基性，平面形状为圆形或椭圆形，规模一般较大，直径数千米到数百千米，厚度最大者可达千米以上。

（4）岩盖

岩盖又称岩盘，是上凸下平的穹隆状侵入体。由岩盖中部到边部，其厚度迅速变小而尖灭。岩盖规模一般不大，底部直径3～6 km，最厚处通常小于1 km，地表出露形态常为圆形、椭圆形。岩盖的岩性以中酸性岩为常见，由于中酸性岩浆黏度大，延伸不远，将上覆岩层拱起而成盖状。

喷出岩与侵入岩产状综合示意如图2-19所示。

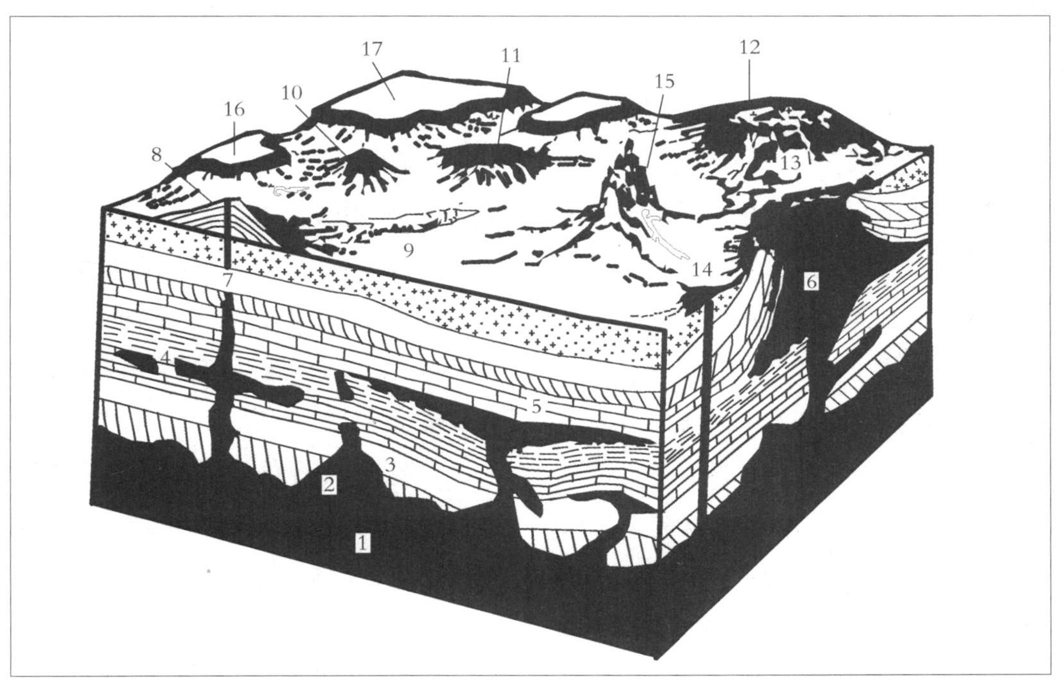

图2-19 喷出岩与侵入岩产状综合示意图（据汪新文1999）

1. 岩基；2. 岩株；3. 岩墙；4. 岩床；5. 岩盆；6. 被侵蚀露出的岩盖；7. 火山颈；8. 复式火山；9. 熔岩流；10. 熔渣堆；11. 小型破火山口；12. 大型破火山口；13. 火山碎屑流；14. 小火山；15. 具有放射状岩墙的火山颈；16. 熔岩台地；17. 熔岩高原

变质作用

岩石在基本上处于固体状态下，受到温度、压力及化学活动性流体的作用，发生矿物成分、化学成分、岩石结构与构造变化的地质作用，称为变质作用。

变质作用岩石基本上未发生熔融，原有岩石并未失去其整体性。如果原岩受热全面熔融变为岩浆然后冷凝结晶成岩，这种新岩石就是岩浆岩。因此，从原岩是否遭受熔融这一角度看，变质作用与岩浆作用的界线是清楚的，如果引起变质作用的温度很高，达到岩石在该压力下的熔点，那么变质作用就会转变成为岩浆作用。因此，变质作用与岩浆作用可以有发展上的联系。

一、引起变质作用的因素

引起变质作用的因素有温度、压力以及化学活动性流体。

1. 温度

变质作用发生的温度由150℃～180℃直到800℃～900℃。低于这一温度的作用属于固结成岩作用，高于这一温度的作用，将使许多岩石发生熔融，属于岩浆作用范畴。受到较高温度时，岩石中矿物的原子、离子或分子的活动性增强，引起各种反应。如由非晶质变为结晶质，或由结晶细小变为结晶粗大，由一种矿物转变成另一种矿物等。

变质温度的基本来源有三个方面：

（1）地热：地下温度随着深度增大而增高。如果地表岩石因某种原因沉陷到一定深处，就能获得相应的温度。

（2）岩浆热：岩浆是高温熔融体，当岩浆侵入时，岩浆热便传到围岩，使围岩增温。

（3）地壳岩石断裂：断裂块体相互错动和挤压，能产生高温。

2. 压力

可分为静压力、流体压力和定向压力。

（1）静压力与流体压力

静压力是由上覆岩石重量引起的，它随着深度增加而增大。静压力对岩石的作用力各向均等，如同人在水中所感受到的压力一样，随水的深度增加而增加，而且各个方向的压力值相等，如图2-20所示。静压力能使岩石压缩，使矿物中的原子、离子、分子间的距离缩小，形成密度大、体积小的新矿物。

静压力在岩石中的传递不只是通过固体的岩石质点，而且也通过循环于岩石空隙中的流体所形成的流体压力。当岩石处于密闭状态时，全部岩石的重量都传递给了各部位的流体，此时流体压力的数值等于岩石的静压值。当岩石中有大量彼此联结并与地面沟通的裂缝时，流体本身属于开放性系统，因而流体压力仅由流体本身的重量决定，它低于岩石的静压力。流体的成分及其压力的大小控制了许多化学反应的进程，对于岩石的变质具有重要影响。

（2）定向压力

定向压力是作用于地壳岩石的侧向挤压力，具有方向性，且两侧的作用力方向相反，如图2-21所示。它们可以位于同一直线上，也可以不位于同一直线上，前者称为挤压力，后者称为剪切力。

定向压力是由于地壳岩石的相邻块体做相对运动而产生的，它的作用主要在于导致岩石结构与构造的变化。

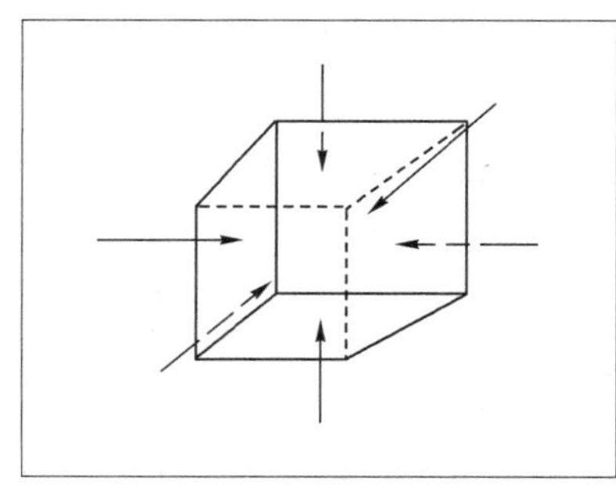

图2-20 静压力的各向作用力相等

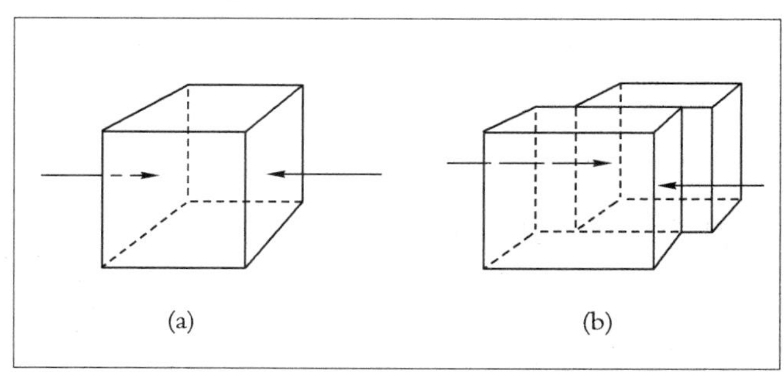

图2-21 定向压力
（a）挤压力；（b）剪切力

3. 化学活动性流体

化学活动性流体的成分以H_2O、CO_2为主，并含有一些其他易挥发、易流动的物质。它们有多种来源：岩石粒间孔隙及岩石裂隙中所含以水为主的液体；许多造岩矿物，尤其是沉积岩矿物，其结构中含有较多的H_2O或CO_2等挥发性物质，在温度与压力的作用下，它们被分离出来；从岩浆中分泌和逃逸出来的成分；因温度与压力的变化，从地壳深部的物质中分泌出含有K、Na、SiO_2等化学成分的热液。

化学活动性流体是一种活泼的化学物质，它们积极参与变质作用的各项化学反应，并控制反应的进程。同时，它们还将岩石中的一些元素溶滤出来，促使这些元素扩散和迁移，引起岩石物质成分的变化。

应该指出，各项变质因素在变质作用中多是相互配合的，但是，在不同的情况下起主导作用的因素不同，因而变质作用就显示出不同的特征。此外，以上各项变质因素是在同时具备足够的时间条件之下才能发生作用，因此变质作用的过程一般是缓慢的。如果没有足够的时间，变质作用就难以发生或者表现不明显。

二、变质作用的方式

在温度、压力及化学活动性流体的作用下，原岩可发生物质成分和结构、构造的变化。了解变质作用的方式有助于我们了解变质作用的过程。变质作用的方式极其复杂多样，其主要的方式有以下几种：

1. 重结晶作用

重结晶作用是指岩石在固态下，同种矿物经过有限的颗粒溶解、组分迁移，然后又重新结晶成粗大颗粒的作用，在这一过程中并未形成新矿物。最典型的例子是隐晶质的石灰岩经重结晶作用后变成颗粒粗大的大理岩（主要矿物成分均为方解石）。重结晶作用在成岩作用中已经出现，但在变质作用中则表现得更加强烈和普遍。重结晶作用对原岩的改造主要是使其粒度加大、颗粒相对大小均一化、颗粒外形变得较规则。

2. 变质结晶作用

变质结晶作用是指在变质作用的温度、压力范围内，在原岩总体化学成分基本保持不变的情况下（挥发分除外），原有矿物或矿物组合转变为新的矿物或矿物组合的作用。由于这种变化过程多数情况下涉及岩石中各种组分的重新组合，并以化学反应的方式完成，故又称为重组合作用或变质反应。变质结晶作用的主要特点是有新矿物的形成和原矿物的消失，并且在反应前后岩石的总体化学成分基本不变。

3. 交代作用

交代作用是指变质过程中，化学活动性流体与固体岩石之间发生的物质置换或交换作用，其结果不仅形成新矿物，而且岩石的总体化学成分发生改变。例如，含Na^+的流体与钾长石发生交代作用而置换出K^+，形成新矿物钠长石（斜长石的一种）：

$$\underset{\text{（钾长石）}}{KAlSi_3O_8}+Na^+ \rightarrow \underset{\text{（钠长石）}}{NaAlSi_3O_8}+K^+$$

交代作用的特点是：在固态下进行；交代前后岩石的总体积基本保持不变；原矿物的溶解和新矿物的形成几乎同时进行；交代作用是在开放系统中进行的，反应前后岩石的总体化学成分发生改变。交代作用在变质过程中是比较普遍的，凡有化学活动性流体参加的情况下，总会有不同程度的交代作用发生。

三、变质作用的基本类型

变质作用发生的地质条件是极其复杂多样的，一般根据变质作用发生的地质背景和物理、化学条件，分为以下四种主要类型。如图2-22所示。

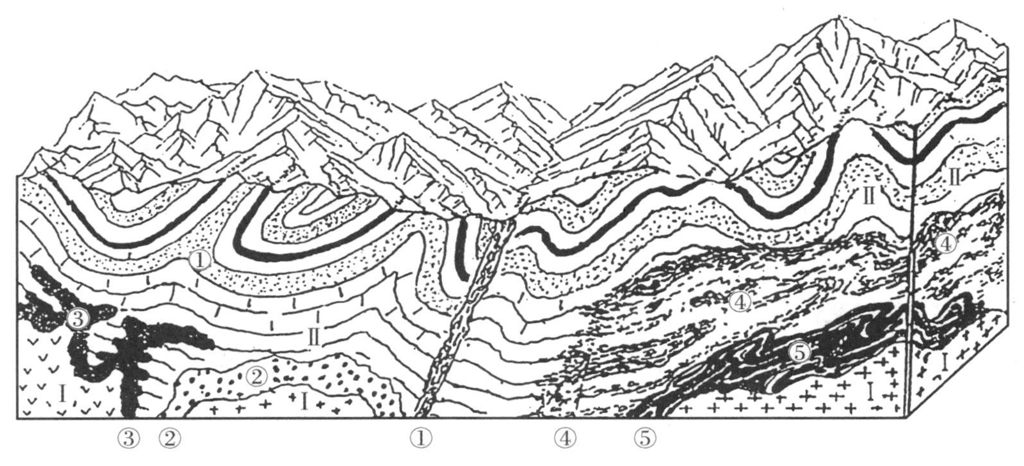

图2-22 变质作用与变质岩类型示意图（据李尚宽，1982）

①动力变质作用；②接触热变质作用；③接触交代变质作用；④区域变质作用；⑤混合岩化作用

1.接触变质作用

发生在岩浆岩（主要是侵入岩）与围岩之间的接触带上并主要由温度和挥发性物质所引起的变质作用称为接触变质作用。接触变质作用所需的温度较高，一般在300℃～800℃，有时达1 000℃；所需的静压力较低，仅在$1\times10^6\sim3\times10^6$ Pa。按照引起接触变质的主导因素，接触变质作用分为以下两类：

（1）接触热变质作用

引起变质的主要因素是温度。岩石受热后发生矿物的重结晶、脱水、脱碳以及物质成分的重组合，形成新矿物与变晶结构，但是，岩石中总的化学成分并无显著改变。接触热变质岩的变质程度因原岩离火成岩体的距离远近而不同，原岩离岩体近者受到的温度高，变质较强烈；离岩体远者受到的温度低，变质较轻微。因此，变质程度不同的岩石常常围绕侵入体呈环带状分布。其代表性的岩石有板岩、角岩、大理岩、石英岩等。

（2）接触交代变质作用

引起变质的因素除温度以外，从岩浆中分泌的挥发性物质所产生的交代作用同样具有重要意义。故岩石的化学成分有显著变化，新矿物大量产生。变质作用发生在侵入体与围岩的接触带上，同时影响到围岩及侵入体的边缘。由接触交代变质作用形成的典型岩石是矽卡岩。

2.区域变质作用

区域变质作用是在广大范围内发生，并由温度、压力以及化学活动性流体等多种因素引起的变质作用。区域变质作用影响的范围可达数千到数万平方千米以上，影响深度可达20 km以上。区域变质作用的温度下限（最低）为200℃～300℃，上限在700℃～800℃，静压力随深度不同变化，在几十到1 000多兆帕斯卡之间。除了静压力以外，定向压力常起重要作用。区域变质作用的发生常常和构造运动有关。构造运动可以对岩石施以强大的定向压力，使岩层弯曲、揉皱、破裂；也可以使浅层岩石沉入地下深处以遭受地热和围压的作用；或使深层岩石推挤到表层。构造运动还能导致岩浆的形成与侵入，从而带来热量和化学物质，或从地下深处引来化学活动性流体。此外，由构造运动所造成的破裂，是热能和化学能向围岩渗透的良好通道。因而，构造运动为岩石的区域变质创造了极为有利的物理、化学条件。

区域变质作用中，温度与压力总是联合作用并相辅相成的。一般来说，地下的温度与压力随深度增加而增长。但是，由于各处地壳的结构与构造运动性质不同，因而温度与压力随深度而增长的速度并非处处相同。有的变质地区压力增加慢，而温度增加快；有的变质地区压力增加快，而温度增加慢。这样便出现了不同的区域变质环境，主要有三类，如图2–23所示。

（1）低压高温环境

地温梯度高，约25℃/km～60℃/km，在地下不到10 km处，温度最高可达到600℃。温度是引起岩石变质的主要因素，以出现红柱石等低压、高温变质矿物为特征；岩浆岩相当发育，广泛发生接触变质作用。

（2）正常地温梯度环境

地温梯度正常，为20℃/km～30℃/km，随着温度与压力的变化可以出现不同的变质岩。

（3）高压低温环境

地温梯度低，为7℃/km～25℃/km，在地下20～30 km深处，温度约为300℃。这种环境以出现如蓝闪石等高压、低温变质矿物为特征，缺乏岩浆岩。高压、低温条件的出现与岩石圈板块的俯冲作用相关。

在区域变质作用中，原岩中的矿物可以发生重结晶、重组合以及交代作用；岩石的结构构造也发生综合性变化。

区域变质作用形成的岩石以具有鳞片变晶结构及片理构造、片麻状构造为特征，典型的岩石有板岩、千枚岩、片岩、片麻岩、变粒岩、斜长角闪岩、麻粒岩、榴辉岩等。

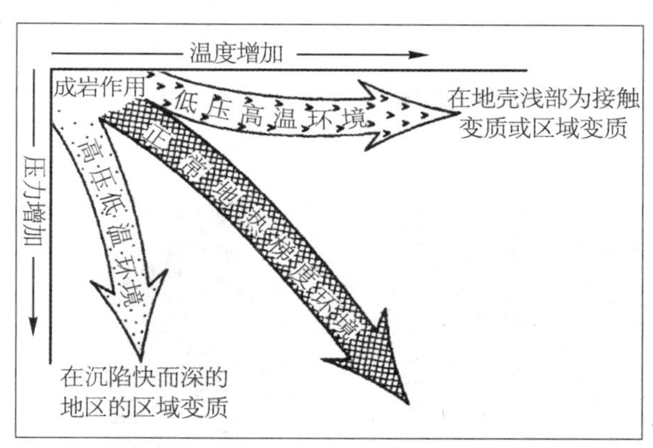

图2–23　变质环境及其与温度、压力的关系示意图

3.动力变质作用

动力变质作用是指在构造运动所产生的定向压力作用下，岩石发生的破碎、变形以及伴随的重结晶等的作用。这种变质作用主要发生在构造运动使相邻的两个岩石块体之间发生相对运动时的接触

带上，这种接触带被称为断裂带或断层带，所以，动力变质作用又被称为断裂（或断层）变质作用。动力变质作用及其所形成的动力变质岩，在平面上和剖面上均呈线性或带状分布，动力变质岩也称为断层岩，如碎裂岩和糜棱岩（图2-24）。动力变质带的宽度可从几厘米到几千米，大型的甚至可达几十千米；动力变质带的长度一般有几千米到几百千米，大型的长达1 000 千米以上。动力变质带的规模往往与其发育的历史长短及两侧岩块的相对运动强度、断层规模等有紧密关系。动力变质作用典型的岩石有糜棱岩和碎裂岩等。

图2-24　糜棱岩

4.混合岩化作用

混合岩化作用是由变质作用向岩浆作用过渡的一种超深变质作用。其最主要特征是，原岩局部或部分重熔的熔体物质与尚未重熔的固态物质发生互相交叉与混合。混合岩化作用通常是区域变质作用在地热流增高条件下进一步发展的结果。随着区域变质程度的不断加深、变质温度的逐渐升高，原岩中某些熔点较低的矿物和岩石组分（主要是偏酸性成分）开始发生重熔、分异、聚集，可一直发展到几乎全部重熔，这整个阶段

——地学知识窗——

区域混合岩化作用

在区域变质作用的进一步发展阶段，使变质岩向混合岩浆转化并形成混合岩的一种作用。这种作用可能有两种方式：一种方式是在区域变质作用的基础上，由于地壳内部热流的继续升高，可使一部分固态岩石发生选择性重熔，形成重熔岩浆，并与已变质的岩石发生混合岩化作用，形成不同类型的混合岩；另一种方式是由于地壳深部上升的热液与已变质的岩石发生交代作用，形成一部分熔浆，并同时形成不同类型的混合岩。这两种方式在不同的混合岩化地区内实际上都可能存在。

都属于混合岩化作用阶段。所以，混合岩化作用随着其程度的不同，其参与混合的融体与固体之间的比例有很大的变化范围。混合岩化作用形成的岩石称为混合岩（图2–25）。

混合岩化作用发生的深度较大，其温度通常很高，一般达600℃以上，其中地热增温和热液增温是温度升高的重要原因；压力一般中等；化学活动性流体或热液十分普遍，并起着十分重要的作用，如引起原岩中的一些组分熔点降低，导致交代作用等。由于长石、石英等浅色矿物的熔点偏低，且在热液的作用下易被交代、置换而进入流体中，所以混合岩化中的熔体部分一般为偏酸性物质，或者说是偏花岗质物质，它们常呈眼球状、脉状、树枝状、肠状等形态穿插于未熔融的固体之间，通常被称为脉体或浅色体。而未熔融的物质由于包含许多暗色矿物，一般颜色较深，通常称为基体或暗色体。所以，混合岩一般由基体和脉体两部分组成。

图2–25　混合岩

地震地质作用

地震是地球的快速颤动，它是构造运动的一种重要表现形式，是现今正在发生构造运动的有力证据，因为在地震过程中，岩石圈不仅表现出明显的水平运动和垂直运动，而且还可造成明显的岩石变形。据统计，全世界平均每年发生地震约500万次，但绝大多数是人们不可能直接感觉到的，只有借助灵敏的地震仪才能观测到；7级以上的破坏性地震，平均每年约20次，而且通常只在少数地区发生。

一、地震的有关概念

地震时，地下深处发生地震的地区称为震源，它是地震能量积聚和释放的地方。实际上，震源是具有一定空间范围的区间，称为震源区。震源在地表的垂直投影叫震中，震中是有一定范围的，称为震中区，它是地震破坏最强的地区。从震中到震源的距离叫震源深度，从震中到任一地震台站的地面距离叫震中距，从震源到地面任一地震台站的距离叫震源距，如图2-26所示。

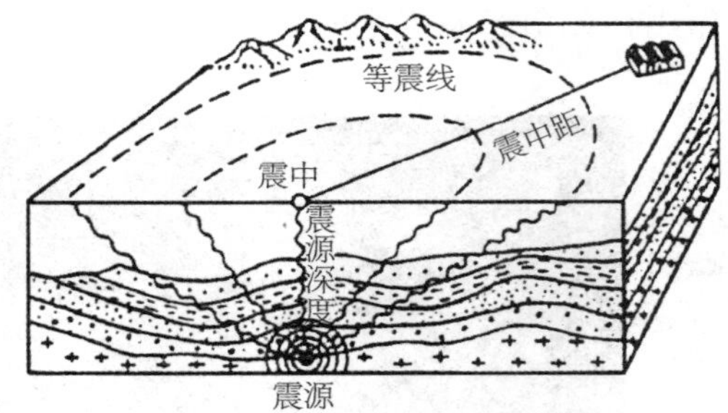

图2-26　震源、震中、震中距示意图

按震源深度可把地震分为浅源、中源和深源三种类型。浅源地震（0～70 km）分布最广，占地震总数的72.5%，其中大部分的震源深度在30 km以内；中源地震（70～300 km）占地震总数的23.5%；深源地震（300～720 km）较少，只占地震总数的4%。我国绝大多数地震是浅源地震，中源及深源地震仅见于西南的喜马拉雅山及东北的延边、鸡西等地。

地震震级和地震烈度是描述地震强度的两种不同的方法。

震级是指地震能量大小的等级。一次地震只有一个震级，以这次地震中的主震震级为代表。发生地震时从震源释放出来的弹性波能量越大，震级就越大。弹性波能量可用其振幅大小来衡量，因此，震级可用地震仪上记录到的最大振幅来测定。烈度是指地震对地面和建筑物的影响或破坏程度。地震烈度往往与地震震级、震中距及震源深度直接有关。一般来讲，震级越大，震中区烈度越大；对同一次地震，离震中区越近，烈度越大，离震中区越远，烈度越小；对相同震级的地震，震源深度越浅，地表烈度越大，震源深度越深，地表烈度越小。

二、地震的成因类型

根据地震的形成原因，可把地震分为构造地震、火山地震、陷落地震和诱发地震等。

1. 构造地震

地壳运动使岩层发生弯曲与断裂，断裂发生时引起地壳强烈的震动，这种地震称为构造地震。构造地震的发生次数最多，占地震总数的90%，破坏性大，传播面积广，持续的时间长。历史上的大地震，大多数属此类型。例如我国唐山大地震、汶川大地震等就属于这种构造地震。

——地学知识窗——

地 震 带

地震震中集中分布的地带叫地震带，一般是活动性很强的地质构造带。从世界范围看，环太平洋带和从印度尼西亚向西北经缅甸、喜马拉雅山、中亚细亚到地中海是两个最显著的地震带，分别称为环太平洋地震带和喜马拉雅—地中海地震带。中国地处全球性的两个大地震带交会的部位，是一个多震的国家。

2. 火山地震

火山爆发时，岩浆冲破地壳上部的岩层，就会引起地壳的强烈震动。这种地震称为火山地震。火山地震约占全部地震的7%，在一般情况下，火山地震所波及的范围不大，只限于火山地区周围，其强度随着火山爆发的形式和强度而不同。

3. 陷落地震

在石灰岩等可溶性岩石地区，由于地下水的溶蚀作用会形成大的洞穴；

在侵蚀作用强烈的高山区会形成许多的悬崖陡壁。在这种地区，岩层失去平衡时，会发生地面陷落及崩塌现象，这种现象发生时也可形成地震，这类地震统称为陷落地震。废弃的矿井塌陷、陨石坠落所引起的地震也可归属于陷落地震。这类地震影响范围很小，一般不超过数平方千米，强度也较弱，它只占地震总数的3%。我国广西、贵州等省石灰岩地区常发生这种地震。

引起地震的原因很多，除上述三种主要原因外，还有人类活动，如炸山采石、建筑大型水库、石油勘探中钻孔爆破以及地下核爆炸等都会引起或诱发地震，这类地震称为人工地震。

三、地震地质作用

强烈地震可引起一系列的地质作用，主要包括岩石变形、地表地形的改造等方面。常见的地震地质作用现象有：

1.地裂缝及挤压鼓包

地震时地面伴生的破裂统称为地裂缝（图2-27），它是震中区最常见的破坏形式。其长度几厘米到几十米或更长；宽度从几毫米到几十厘米，也有达1米以上者。地裂缝有呈散漫分布的，也有呈密集带状分布的。其性质一般以张性裂缝

图2-27　地震地裂缝

为最多，有的并可明显见到沿两组剪切裂缝追踪发育而呈锯齿状的，有的也可见到呈雁行状排列的张剪性裂缝。挤压鼓包是由高出地面的土层或岩层所构成的规模较小的鼻状褶曲构造，其长几厘米到十几米，宽几厘米到几米，高几十厘米到1米以上。

2.地震断层

由地震作用在地表产生的断层称地震断层。地震断层的性质可以是正断层、逆断层或平移断层，一般以平移断层、正平移断层及逆平移断层为最常见。地震断层通常规模较大，产状比较稳定。由于许多地震是沿老断裂带重新活动而发生的，所以地震发生时，沿着这些重新活动的老断裂带，往往形成一系列断续延伸的地震断层，其走向延伸不受地形、岩性的控制，长可达数十至数百千米，可构成一条新的断裂带，其中还包括众多的地裂缝、挤压鼓包等小型地质构造。

3.喷沙冒水

这是在发震阶段，由地壳震颤使未成岩的沙土液化，地下水挟带着沙土沿地裂缝上涌而发生的一种现象。开始时水柱甚高，可达数米，以后渐次低落。沙粒在地表有时可堆积成圆丘状小沙堆，并常沿着地裂缝呈定向排列。如图2-28所示。

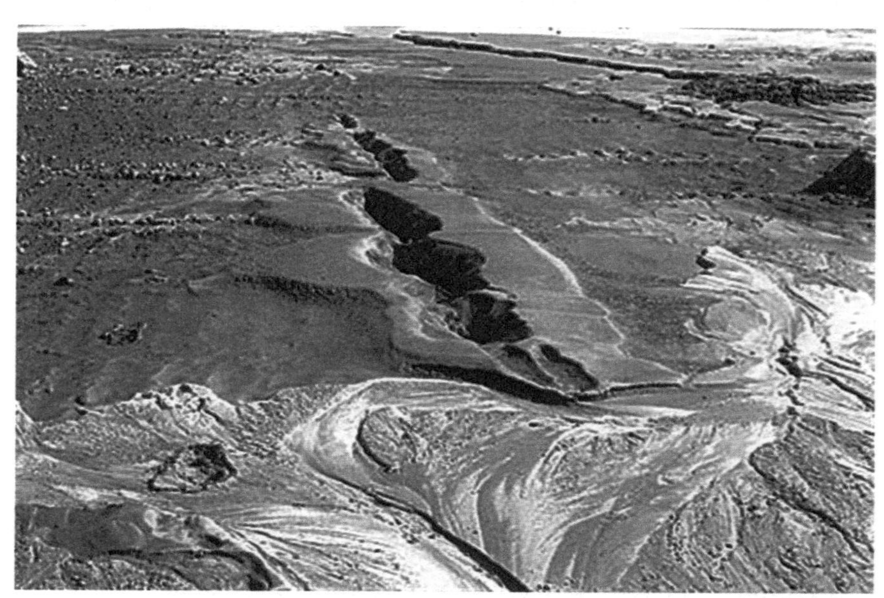

图2-28　地震中喷沙冒水

4.山崩和滑坡

地震的激发作用常引起较大规模的山崩和滑坡现象（图2–29、图2–30），尤其是在地形陡峻并有较厚碎石层、土层覆盖或基岩松散破碎的地区更易发生。大规模的崩滑若发生在江河边，则往往堵塞河道、积水成湖，或进一步因土石坝溃决而造成水灾。

图2–29 台湾地震引发山崩

图2–30 地震引起广西苍梧山体滑坡

Part 3 外力地质作用

由地球外部能源产生的地质作用称为外力地质作用。引起外力地质作用的因素是大气、水和生物。根据地质作用的性质、方式和结果的不同，将外力作用分为风化作用、剥蚀作用、搬运作用、沉积作用和成岩作用。按照产生地质作用的营力特点不同，地质作用又可划分为地面流水、地下水、海洋、湖泊、冰川、风等的作用。

风化作用

在地表或近地表的条件下，由于气温、大气、水及生物等因素的影响，使地壳的矿物、岩石在原地发生分解和破坏的过程，就是风化作用。风化作用的重要特征是岩石或矿物在原地遭受分解和破坏，风化的产物仍保留在原地。风化作用是其他外力地质作用的先导，在地表极为常见，几乎无时不有、无处不在。

一、风化作用类型

根据风化作用的方式和特点，风化作用一般可分为物理风化作用、化学风化作用和生物风化作用三种基本类型。

1.物理风化作用

物理风化作用是指主要由气温、大气、水等因素的作用引起的矿物、岩石在原地发生机械破碎的过程。在此过程中，矿物、岩石的物质成分不发生变化，只是从整体或大块崩解为碎块。常见的物理风化有以下方式：

（1）温度风化

温度风化是指由于岩石表层温度周期性的变化而使岩石崩解的过程，如图3-1所示。在白天，当岩石受到太阳光的照射时，岩石表面温度升高，表层体积

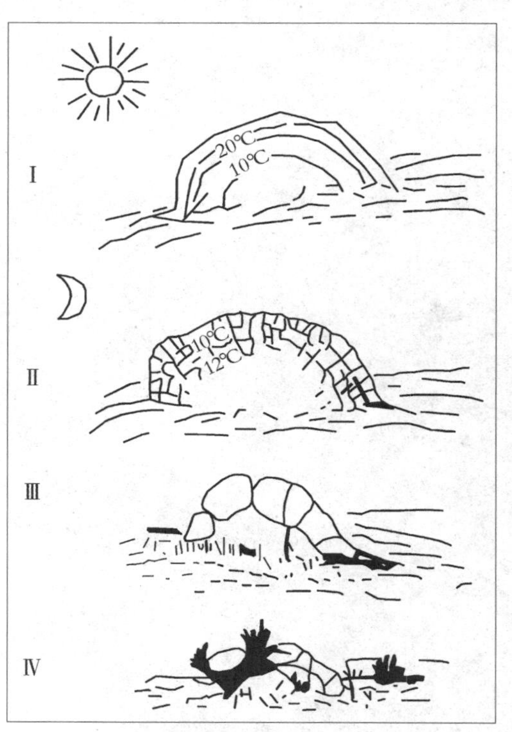

图3-1　岩石温度风化

就会膨胀，同时，一部分热量向岩石内部传递，但由于岩石是热的不良导体，热量传播得较慢，因而岩石内部的温度上升得很慢，体积膨胀的量也很小。这样，在岩石表层与岩石内部之间，由于体积膨胀的差异，就形成了平行岩石表面的裂隙。到了夜间，岩石表面散热较快，体积收缩，而内部散热较慢，体积还处于膨胀状态，从而产生了表层收缩、内部膨胀的不协调情况，这样，垂直岩石表面的裂隙也就形成了。日积月累，岩石表层的裂隙扩大，岩石就会崩解破碎。在温度对岩石的破坏作用中，温度变化的幅度越大、频率越高，岩石破坏就越迅速。所以，这种风化作用在昼夜温差较大的沙漠地区最为常见，炎热夏天的暴雨对岩石的破坏也特别明显，森林火灾的高温对岩石的破坏也有重要影响。

（2）冰劈作用

渗入岩石空隙中的水在温度低于0℃时结冰，体积膨胀近9%，可产生96 MPa的压力，促使岩石的空隙扩大。如果冻结和融化反复进行，就必然使岩石的空隙逐步增多、扩大，最终使岩石崩解。如图3-2所示。冰劈作用主要发生在高寒和高山地带，尤以温度在0℃上下波动的地区最为发育。冰劈作用的原理在古代曾用于采石作业，采石前先在岩石上钻孔，并往孔中注水，待其冻结，冰劈力量便会把岩石撑裂。

图3-2　冰劈作用（据W.K.汉布林，1980）

（3）层裂或卸载作用

埋藏在地壳较深处的岩石都处于上覆岩石的因自身重量而产生的强大压力之下，一旦由于某种原因（地壳运动、剥蚀作用、人工采石等），上覆岩石被剥去，压力解除，岩石就因卸载而产生向上或向外的膨胀，形成平行于地面的层状裂隙，促使岩石层层剥落和崩解，这种现象就称为层裂或卸载作用。

（4）盐类结晶的撑裂作用

岩石中含有的潮解性盐类，在夜间因吸收大气中的水分而潮解，其溶液渗入岩石内部，并将沿途所遇到的盐类溶解；白天在烈日暴晒下，水分蒸发，盐类结晶，对周围岩石产生压力，此种作用反复进行，使岩石崩裂，在崩裂的碎块上可见到盐类的小晶体。此种作用主要见于气候干旱地区。

2.化学风化作用

化学风化作用是指岩石在原地以化学变化的方式使岩石“腐烂”、破碎的过程。在此过程中，不仅岩石发生破碎、崩解，而且在温度及含有化学组分的水溶液影响下，岩石的物质成分也将发生变化，这与物理风化作用有本质的区别。化学风化作用通常有以下几种方式：

（1）溶解作用

水是溶剂，尤其是自然界的水，总含有一定数量的O_2、CO_2以及其他酸、碱物质，它们具有较强的溶解能力，能溶解大多数矿物。通常情况下，最易溶于水的是卤化物和硫酸盐矿物，如NaCl（石盐）；其次是碳酸盐矿物，如方解石（$CaCO_3$）；最难溶于水的是硅酸盐矿物，如长石、云母等。溶解作用的结果，一方面是易溶解的物质溶解于水溶液，并随水溶液流走，使岩石孔隙增加，硬度减小，易于破碎；另一方面是难溶物质残留在原地形成风化产物。

（2）氧化作用

氧化作用是自然界中最常见的化学作用。氧化作用可使矿物氧化，使低价离子变为高价离子，还可影响各种元素及其化合物的溶解度。矿物和岩石经过氧化作用后，不仅改变了其原来的化学成分，而且还会改变其物理性质，使其容易遭到分解和破坏，并形成新矿物。

空气和水中的游离氧是地表最重要的氧化剂。大气中含有21%左右的游离氧，水中约能溶解占其体积3%的空气。氧在地下所达到的深度各处不一，随着深度的加大含氧量逐渐减少，一般在地下水面以下，就几乎无氧化作用了。

（3）水解和碳酸化作用

水解作用是指水离解出的OH^-离子与矿物离解出的阳离子，如Na^+、K^+等，结合形成带OH^-新矿物的过程。碳酸化作用是指当CO_2溶解于水中时，形成CO_3^{2-}和HCO_3^{1-}离子，它们与矿物中的阳离子（K^+、Na^+、Ca^{2+}）结合形成易溶于水的碳酸盐或碳酸氢盐的过程。在自然界，水中或多或少都溶解有CO_2，所以水解作用和碳酸化作用常常是同时发生的，两者相互促进。碳酸化作用形成碳酸盐或碳酸氢盐，并随水溶液流走，从而加速了水溶液对矿物的离解过程。

自然界中的各种化学风化作用过程都是缓慢的，每种化学风化作用也不是孤立存在的，它们都是相互影响，相互促进，共同破坏着地表岩石。

3.生物风化作用

由生物的生命活动引起的岩石破坏过程称为生物风化作用。覆盖在地球表面的生物圈，存在无数的生物，它们在活动过程中必然对地球表面的物质产生作用。由生物活动导致岩石的机械破碎过程称为生物物理风化作用，最常见的一种形式就是根劈作用（图3-3）。生长在岩石裂隙中的植物，随着植物的长大，根系也逐渐长大膨胀，促使岩石裂隙扩大、加深，以致崩解，这种作用在植被茂盛、岩石裂隙发育的地区是非常常见的。

由于生物活动引起岩石化学成分变化而使岩石破坏的过程称为生物化学风化作用。这种作用通常是通过生物在新陈代谢过程中分泌出的物质和死亡之后腐烂分解出来的物质对岩石起化学反应完成的。生物在新陈代谢过程中，一方面从土壤和岩石中吸取养分，而另一方面又分泌有机酸、碳酸、硝酸等酸类物质以分解矿

图3-3　根劈作用

物，促使矿物中一些活泼的金属阳离子（Na^+、K^+）游离出来，一部分供生物吸收，另一部分随水溶液流走，从而使岩石破碎。生物死亡之后逐渐聚集起来，在还原环境下发生腐烂分解，形成一种暗黑色胶状物质，称为腐殖质，它含有有机酸，对矿物、岩石有腐蚀作用，使它们分解、破碎。

物理、化学、生物风化作用都是具有独立意义的，但在多数情况下，它们相伴而生，并相互影响和促进，共同破坏着岩石。如物理风化能扩大岩石的空隙，使大块岩石碎裂，增加其表面积，这就有利于水、气体以及生物的活动，加速岩石的化学风化；而化学风化使矿物和岩石的性质改变，破坏了原有岩石的完整性和坚固性，这就为物理风化的深入进行提供了有利条件；生物风化总是与各种物理风化及化学风化作用配合发生的，只是在不同的地区、不同的气候条件、不同的时期以某种风化作用为主，如在寒冷地区以冰劈作用为主，在湿热的地区化学风化作用强烈。

二、控制风化作用的因素

影响风化作用的因素主要有气候、植被、地形和岩石特征等。

1.气候和植被

气候因素包括温度、降雨量和湿度，它们是控制风化作用的重要因素。

温度一方面通过控制化学反应速度来控制化学风化作用的进行；另一方面又直接影响物理风化作用，如温差风化、冰劈作用。降雨量和湿度则是通过介质的温度变化、水溶液成分的变化、植被的生长来影响物理、化学和生物的风化作用。

在地表的不同气候带，气候条件相差很大。在两极及高寒地区，气温低，植被稀少，地表水以固态的形式存在为主，所以在该地区以物理风化作用为主，尤以冰劈作用盛行为特征，而化学风化作用和生物风化作用很弱。在干旱的沙漠地带，植被稀少，气温昼夜变化大，降水量少，空气干燥，所以化学风化作用和生物风化作用非常之弱，而以物理风化作用为主，如温差风化、盐类的结晶和潮解作用是这些地区风化作用的主要形式。在低纬度地区的炎热潮湿气候区，雨量充沛，植被茂盛，温度高，空气潮湿，所以化学反应的速度较快，故化学风化作用和生物风化作用显著，风化作用的深度往往达数米。植被对风化作用的影响表现在两个方面：一方面直接影响生物的风化作用，植被茂盛，生物风化作用强烈，而植被稀少的地方生物风化作用较弱；另一方面又间接影响物理风化作用和化学风化作用过程。岩石表面长满植物，减少了岩石与空气的直接接触，降低了岩石表面的温差变化，削弱了物理风化作用。但植被的茂盛却带来了更多的有机酸和腐殖质，使周围环境中的水溶液更具有腐蚀能力，从而又加速了化学风化作用的进程。实际上，植被对风化作用的影响与气候条件是分不开的：气候潮湿炎热，植被茂盛；而干旱、寒冷，植被稀少。如图3-4所示。

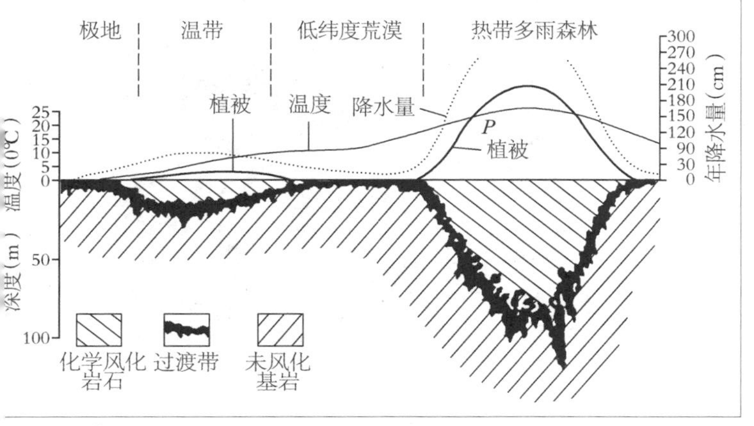

图3-4 由极地到热带风化作用变化略图（据W.K.汉布林，1980）

2.地形条件

地形条件包括地势的高度、起伏程度以及山坡的朝向等三个方面。

地势的高度影响到气候。中低纬度的高山区具有明显的气候分带，山麓气候炎热，而山顶气候寒冷，其生物界面貌显著不同。因而，风化作用的类型和方式随高度而变化。

地势的起伏程度对于风化作用更具有普遍意义。地势起伏大的山区，或巨大的悬崖陡壁上，各种风化产物均易被其他外力作用搬开，难以在原地残留，因而基岩裸露，风化作用十分快速，尤其是物理风化作用更为活跃。地势低缓地区的风化产物，多残留原处或只经过极短距离的运移便在低洼处堆积下来，松散的风化产物可形成较厚的覆盖层，从而减轻温度变化对下伏基岩的影响，使风化作用速度减低。

山坡的方向涉及气候和日照强度，对于中、低纬度山区尤其具有意义。如山的向阳坡日照强、雨水多，山的背阳坡可能常年冰雪不消，两地岩石风化特点显然有所不同。

3.岩石特征

岩石特征对风化作用的影响包括岩石的成分、结构、构造和裂隙。

岩石成分不同的矿物具有不同的抗风化能力，因此，由不同矿物组成的岩石其抗风化能力也就不同。抗风化能力较弱的矿物组成的岩石被风化后而形成凹坑，而抗风化能力强的组分相对凸出，在岩石表面就出现凹凸不平的现象，这称为差异风化作用。

岩石的结构、构造组成，岩石的矿物粒径、分布特征、胶结程度及层理等对风化作用的速度和强度都有明显的影响。在其他条件相同的情况下，由细粒、等粒矿物组成及胶结好的岩石抗风化能力较强，风化速度较慢。岩石的裂隙发育使岩石与水溶液、空气的接触面积增大，增强水溶液的流通性，从而促进风化作用的进行。如果一些岩石的矿物分布均匀，如砂岩、花岗岩、玄武岩等，并发育有三组近于互相垂直的裂隙，把岩石切成许多大小不等的立方形岩块，在岩块的棱和角处自由表面积大，易受温度、水溶液、气体等因素的作用而风化破坏掉，经过一段时间风化后，岩块的棱、角消失，在岩石的表面形成大大小小的球体或椭球体，这种现象称为球形风化作用，如图3–5所示。

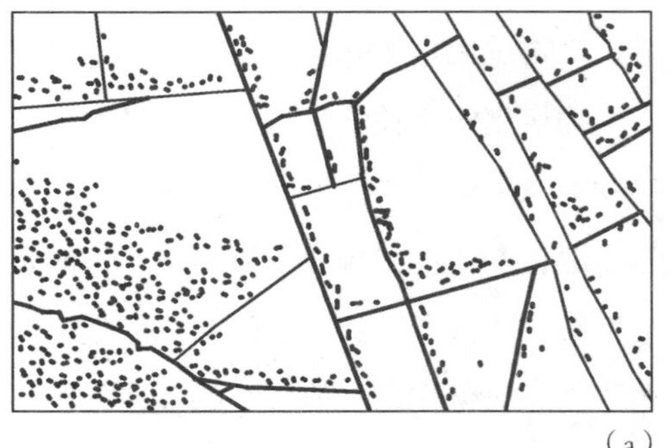
（a）

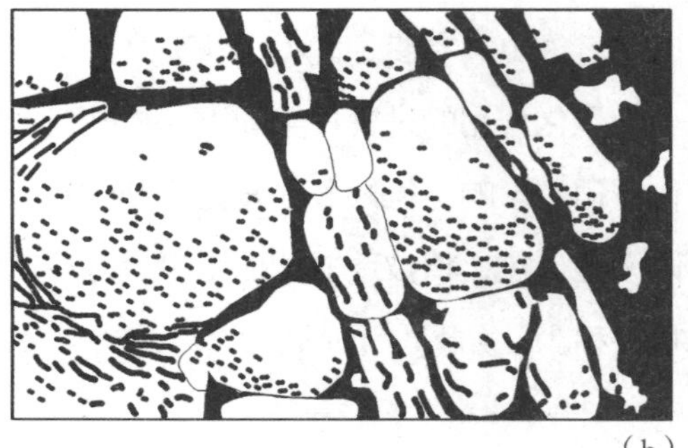
（b）

（c）

图3–5　球形风化的发育过程
（据W. K. 汉布林，1980）
（a）岩石被裂隙切割；（b）球形风化初期；（c）球形风化晚期

三、风化作用的产物

1.物理风化作用的产物

物理风化作用是一种纯机械的破坏作用，其结果是使岩石崩解成粗细不等、棱角明显的碎块。如果没有其他的地质作用（剥蚀作用），碎屑常覆盖在原岩的表面，其成分与原岩一致。如果地形较陡，岩石碎屑在重力的作用下，向坡下滚动或坠落，堆积在坡脚。由于惯性力的作用，粗大的碎块滚得较远，堆积在下部；而细小的碎块滚得较近，堆积在上部。这样就形成上部岩石碎屑小，下部岩石碎屑粗的堆积体，称为倒石锥。

2.化学风化作用的产物

化学风化作用的最终产物包括两部分：一是能溶于水的可迁移物质；二是难以迁移，堆积在原地的残积物。能溶于水的可迁移物质包括各种易溶盐类、K^+、Na^+的氢氧化物和少部分难溶物质（如Si^{4+}、Al^{3+}、Fe^{3+}、Mn^{4+}等氧化物和氢氧化物胶体）。残积物主要为难溶物质、岩石碎屑和风化形成的矿物，如石英碎屑、蒙脱石、高岭石、铝土矿、蛋白石、褐铁矿等。

矿物和岩石在化学风化过程中是逐步分解的，由于各种矿物的物理、化学性质不同，在分解过程中难易程度也不一样。换句话说，就是矿物抗风化能力的强弱不同。据研究，在自然界中各类矿物抗风化能力的顺序是：氧化物、氢氧化物＞硅酸盐＞碳酸盐＞硫化物＞卤化物、硫酸盐；几种常见矿物抗风化能力的顺序是：石英＞白云母＞长石＞黑云母＞角闪石＞辉石＞橄榄石。

3.生物风化作用的产物

生物风化作用的产物包括两部分：一部分是生物物理风化作用形成的矿物、岩石碎屑，在成分上与原岩相同；另一部分是生物化学风化作用的产物，其特征是在物质成分上与原岩不一样。生物风化作用的一种重要产物就是土壤，确切地说它是物理、化学和生物风化作用的综合产物，但尤以生物风化作用为主，使其富含腐殖质。土壤一般为灰黑色、结构松软、富含腐殖质的细粒土状物质，与一般残积物的主要区别在于含有大量腐殖质，具有一定的肥力。

4.风化壳

地表岩石经物理、化学、生物风化的长期作用，形成由风化产物组成的、分布于大陆基岩面上的不连续薄壳，称为风化壳。风化壳覆盖在陆地表面，由于表层和下部的岩石所经受的风化强度不一样，表层的风化程度要深，而下部的风化程度要浅，因此，在剖面上自上而下的风化产物在成分和结构上都有明显的差异，所以风化壳在剖面上可以分为若干层。如以花岗岩的风化壳为例，一般自上而下可分为四层（图3-6）。

Ⅰ. 土壤层　呈深、褐、灰色，质细且疏松，富含腐殖质，植物根系较多。原岩的矿物成分、结构基本消失。厚薄不一，一般以20～50 cm较多，常是综合风化作用的结果。

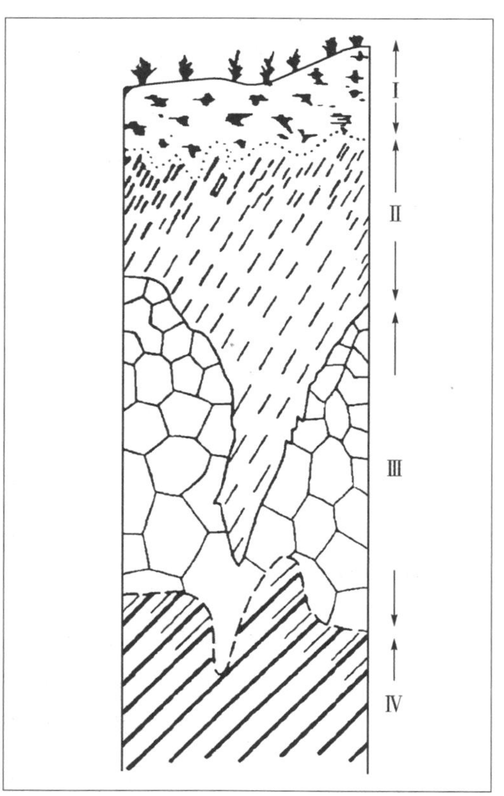

图3-6　周口店花岗闪长岩风化壳（据胡家杰）

Ⅱ. 残积层　呈黄褐、褐红色，质细松软，原岩的结构、构造消失，主要由黏土矿物组成，一般不含腐殖质。原岩中的黑云母风化成蛭石，长石类矿物风化成高岭土等。以化学风化作用为主。

Ⅲ. 半风化层　呈淡褐色，原岩的结构、构造部分保存，但岩石已松软。岩石的部分矿物成分发生变化。

Ⅳ. 基岩　未风化的原岩。

地质历史时期形成的风化壳称为古风化壳。古风化壳常保存在岩层或沉积物中，如华北地区下奥陶统与上石炭统之间保存有一古风化壳；黄土高原的黄土中也保存有多个古风化壳。

——地学知识窗——

古风化壳

风化壳形成后，被后来的堆积物质所掩盖，避免了剥蚀作用而被保留下来，成为地层中的特定组分，称为古风化壳。

5.土壤

通过生物风化作用而形成的含有腐殖质的松散细粒物质，称为土壤。土壤的主要组成有腐殖质、矿物质、水分和空气。腐殖质是生物、微生物遗体在风化产物中不断聚集腐烂后变成的，它的存在是土壤区别于其他松散堆积物的主要标志。

土壤的厚度一般是0.5～2.0 m，最厚可达十余米。发育成熟的土壤剖面，根据其成分、颜色和结构特点，可以划分出三个基本层次，如图3-7所示。

a. 表土层　有机质丰富，由于腐殖质的积聚常呈暗色，为黑、灰、浅灰色，是耕作的对象。在该层的上部，腐殖质相对富集，颜色也相对较暗，被称为腐殖质层；该层下部，由于风化和水的向下淋滤作用，造成物质的淋溶，颜色较上部要浅，被称为淋溶层或淋滤层。

b. 淀积层　有机质较表土层低，由于雨水不断渗入，从上层淋滤下来的部分物质在这里沉淀。淀积的物质主要有氧化铁、氧化铝、腐殖质、石膏和碳酸钙等。本层很少受到耕作的影响，但是其性质在很大程度上决定土壤肥力。

c. 母质层　受生物风化或改造作用较弱，在基岩风化壳剖面中相当于残积层和半风化层，在松散沉积物剖面中相当于未受生物改造或改造很弱的沉积层，该层与淀积层呈过渡关系。

图3-7　土壤剖面示意图（据夏邦栋）
a. 表土层；b. 淀积层；c. 母质层

剥蚀作用

剥蚀作用，是指各种运动的介质在其运动过程中，使地表岩石产生破坏并将其产物剥离原地的作用。剥蚀作用是陆地上的一种常见的、重要的地质作用，它塑造了地表千姿百态的地貌形态，同时又是地表物质迁移的重要动力。由于产生剥蚀作用的营力特点不同，剥蚀作用又可进一步划分为地面流水、地下水、海洋、湖泊、冰川、风等的剥蚀作用。

一、地面流水的剥蚀作用

地面流水包括片流、洪流和河流，它们在大陆上分布非常广泛，是塑造陆地地貌形态的最重要的地质营力。其中，片流是大气降水的同时在山体斜坡上出现的面状流水，降水向下沿自然斜坡均匀流动，其流速小、水层薄，水流方向受地面起伏影响大，无固定流向，成为网状细流，它随着大气降水的结束而停止流动。洪流是大气降水的同时或紧接其后在山体的沟谷中形成的线状流水，且在大气降水后不久该流水消退。所以，片流和洪流可统称为暂时性流水。而河流则是常年性的线状流水。

1.河流的侵蚀作用

河流在流动过程中，以其自身的动力以及所挟带的泥沙对河床的破坏，使河床加深、加宽和加长的过程称为河流的侵蚀作用。河流的侵蚀作用可分为机械和化学两种方式。河流的机械侵蚀作用是通过其动能或挟带的沙石对河床的机械破坏过程，而化学侵蚀作用是通过河水对河床岩石的溶解和反应完成的，尤其在可溶性岩石地区比较明显。虽然河流的侵蚀作用有这两种方式，但它们通常是共同破坏着河床的，难以把它们区分开来。总的说来，机械的侵蚀作用更为主要些。河流侵蚀作用按侵蚀的方向又可分为下蚀作用和侧蚀作用。

（1）河流的下蚀作用

流动的河水具有一定的动能，在重力的作用下产生一个垂直向下的分量作用于河床底部，使其受到冲击而产生破碎；另一方面，河流常挟带有沙石，在运动过程中对河床底部也有冲击和磨蚀作用，使其产生破坏。在长期的剥蚀作用下，河床就不断地降低，河谷加深，同时也延长。我们把河水以及挟带的碎屑物质对河床底部产生破坏，使河谷加深、加长的过程称为河流的下蚀作用。

在河流的上游以及山区河流，由于河床的纵比降和流水速度大，因此活力在垂直方向上的分量也大，就能产生较强的下蚀能力，这样使河谷的加深速度快于拓宽速度，从而形成在横断面上呈“V”字形的河谷，也称V形谷。如我国长江上游的金沙江河谷，谷坡陡，谷底窄，横断面为“V”字形，著名的金沙江虎跳峡的江面最窄处仅40～60 m，最陡的谷坡达70°，峡谷深达3 000 m，如图3-8所示。在河流的下游或平原区，情况却相反，河流下蚀能力较弱。河流的下蚀作用不断使河谷加深，但这种作用不是无止境的。河流下切到一定的深度，当河水面与河流注入水体（如海、湖等）的水面高度一致时，河水不再具有势能，活力趋于零，下蚀作用也就停止了。因此，注入水体的水面就是控制河流下蚀作用的极限面，常把该极限面称为河流的侵蚀基

图3-8　虎跳峡V形谷

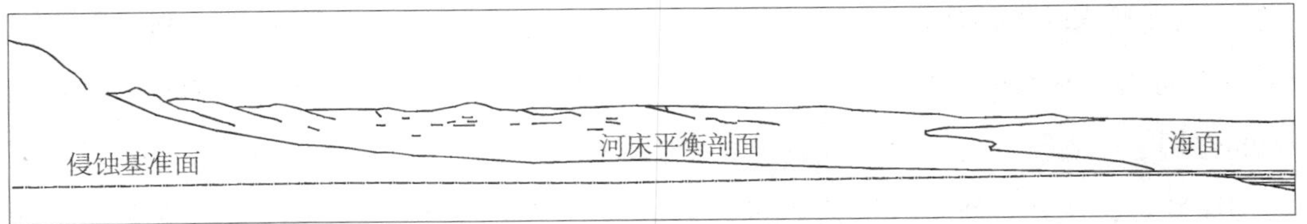

图3-9　侵蚀基准面及平衡剖面

准面（图3-9）。

河流在其形成的初期，多急流与瀑布，河流纵剖面不平滑。由于下蚀和溯源侵蚀作用，河床上的凸起被削去，凹坑被填平，急流和瀑布消失，河流纵剖面逐渐演变成为平滑的曲线，称为平衡剖面（图3-9）。在这种状况下，河流排泄其水体及所挟带的沉积物只需要做最小的功，达到这种状态的河流称为均夷河流，这是河流发展的总趋向。但是，由于自然地理条件变化与地壳运动发生，河流的流速、流量、河床形状及坡度等都在不断改变，因而河流完全达到这种平衡状态是不可能的，只可能在准平衡状态范围内摆动。

（2）河流的侧蚀作用

河水以自身的动力及挟带的沙石对河床两侧或谷坡进行破坏的作用称为河流的侧蚀作用。侧蚀作用的结果使河床弯曲、谷坡后退、河谷加宽。在自然界，任何一条河流都不会是平直的，总是有弯曲的，或者河床凹凸不平。当河水流过河湾时，在惯性离心力的驱使下，河水的主流线（流速最快点的连线）就会偏向河床的凹岸（河床凹入的一岸），由于受到凹岸的阻挡作用，河水就沿着河床底部流向凸岸，这样就产生了河水的单向环流（图3-10）。

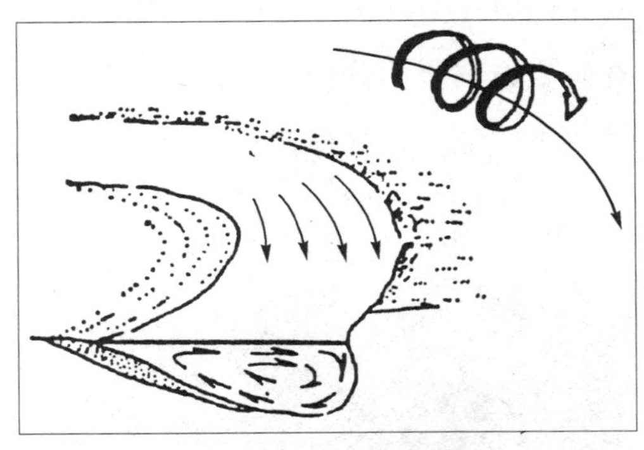
图3-10　河流弯道单向环流

在单向环流的作用下，凹岸下部岩石不断破碎被掏空，同时上部的岩石也随之崩塌。破坏下来的岩石碎屑被单向环流的底流搬运到河流的凸岸沉积。其作用结果是：河床的凹岸不断向谷坡方向后退，而凸岸不断前伸，河道的曲率逐

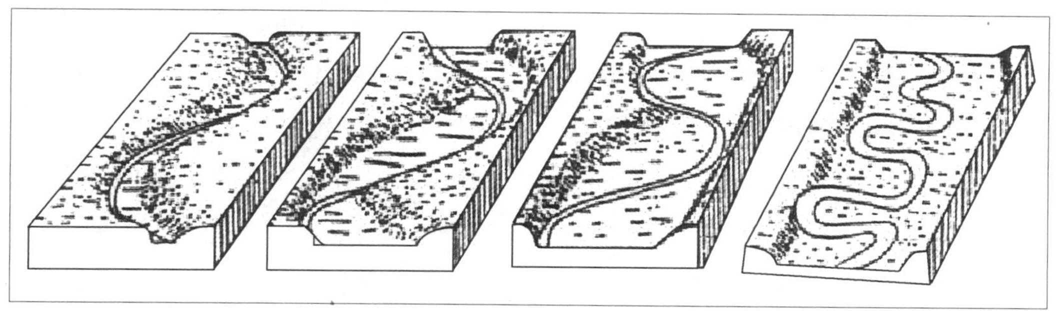

图3-11 侧方侵蚀作用使河谷加宽和形成河曲、蛇曲的过程示意图（引自徐成彦等，1988）

渐增加，使原来弯曲较小或较平直的河床变得更弯曲，形成河曲（河床的连续弯曲），如图3-11所示。

2.片流与洪流的剥蚀作用

由片流对山坡松散层产生的破坏作用称为片流的剥蚀作用。片流是一种在斜坡上的面状流水，流速慢，水层薄，所以它的剥蚀作用弱且具有面状发展的特点，故又称为洗刷作用。虽然片流的剥蚀作用较弱，但是大量的风化产物剥离原地的最初动力就来自片流。河流所搬运的物质大多数是由片流提供的，片流还是大气降水形成最初的地面流水，剥蚀形成地表形态的雏形，现今许多地区出现的大量水土流失也与片流的剥蚀作用有关，所以片流的剥蚀作用也是很重要的。

洪流以其自身的动力和挟带的沙石对沿途沟壁和沟底的破坏作用称为洪流的剥蚀作用。由于洪流的流量较大，流速快，挟带沙石较多，机械的冲击很强，所以常具较强的剥蚀能力，而且以机械的方式作用为主，故又称为冲蚀作用。洪流的剥蚀作用也有加深和拓宽沟谷的作用，形成的冲沟在纵剖面上坡降大，在横剖面上为陡的“V”字形。

片流、洪流、河流都是地面流水，而且三者是相互联系的。从片流到洪流再发展到河流是一个连续的发展过程，所以它们的剥蚀作用在某些方面有相似之处，但片流、洪流是暂时性流水，其作用的方式和结果又与河流的剥蚀有一定的差异。

二、地下水、冰川和风的剥蚀作用

1.地下水的剥蚀作用

地下水是存在于地下沉积物或岩石空隙中的水，它是水资源的重要组成部分。地下水的剥蚀作用又称潜蚀作用，它包括以下两种方式：

（1）冲刷

地下水流体一般分散，流速缓慢，冲刷力微弱，只能冲刷细小的颗粒，使岩石的空隙逐步扩大，但长时间的冲刷，也可造成大型空洞并引起地表塌陷。规模较大的洞穴和裂隙中的地下水流速较快，冲刷力较强。黄土最易被地下水冲刷破坏，因为它主要由粉沙组成，颗粒细小而且松散，同时，黄土含有较多碳酸盐类矿物，易被地下水溶解。疏松的钙质砂岩也容易受到冲刷破坏。

（2）溶蚀

地下水中含有CO_2，易溶解石灰岩或含碳酸盐类矿物的岩石，分解而成的钙离子和碳酸氢根离子便随水流失。由于地下水的运动是发生在岩石空隙中，水与岩石的接触面大，而且地下水流速缓慢，因而其溶蚀作用极为显著。特别是在湿热气候条件下，溶蚀是可溶性岩石遭受破坏的主要原因，并形成特殊的地貌。通常把在可溶性岩石地区发生的以地下水为主（兼有部分地表水的作用）对可溶性岩石进行以化学溶蚀为主、机械冲刷为辅的地质作用以及由此产生的崩塌作用等一系列过程称为岩溶作用或喀斯特作用，形成的地形称为岩溶地形或喀斯特地形（图3-12、图3-13）。

图3-12　云南石林

图3-13　泰安地下溶洞

2.冰川的剥蚀作用

冰川是由积雪形成并能运动的冰体，冰川的活动破坏着地面，并把破坏下来的产物搬运到它处堆积起来，因而冰川地质作用是高纬度和高山地区改变地球外貌的主要外力作用。冰川的剥蚀作用（图3-14）是指冰川在流动过程中，以自身的动力及挟带的沙石对冰床岩石的破坏作用，其方式有挖掘作用和磨蚀作用两种，无论哪种方式，都是一种机械破坏过程。

（1）挖掘作用

挖掘作用又称拔蚀作用，是指冰川在运动过程中，将冰床基岩破碎并拔起带走的作用。冰床是指冰川占据的槽、谷。冰川底部的冰在上覆巨厚冰层的压力下，部分融化，冰融水渗入冰床基岩的裂隙中，渗入的水，由于压力的减小而重新结冰，并与冰川冻结在一起，当冰川向前运动时，就把冻结在冰川中的岩石拔起，随冰川带走。挖掘作用的强弱受岩石的性质、冰层的厚度等因素影响。冰床岩石的裂隙越发育，冰层越厚，挖掘作用越显著。挖掘作用在冰床的底部最为发育，两侧次之。在挖掘作用下，冰床岩石不断遭受破坏，其结果是冰床加深。在挖掘作用过程中，自始至终有冰劈作用的参与，冰劈作用不断使裂隙扩大，岩石破碎，利于挖掘作用的进行。

（2）磨蚀作用

磨蚀作用又称为锉蚀作用，是指冰川以冻结在其中的岩石碎屑为工具进行刮削、磨蚀冰床的过程。由于冰川是一种固体，冻结在冰川中的岩屑不能自由转动，当冰川流动时，岩屑和冰川也一起整体运动，在岩屑和冰床接触时，岩屑就像锉刀一样锉削冰床中的岩石，使冰床岩石破碎。在被锉削的岩石上常留下一些痕迹，如冰川擦痕、磨光面等。冰川擦痕

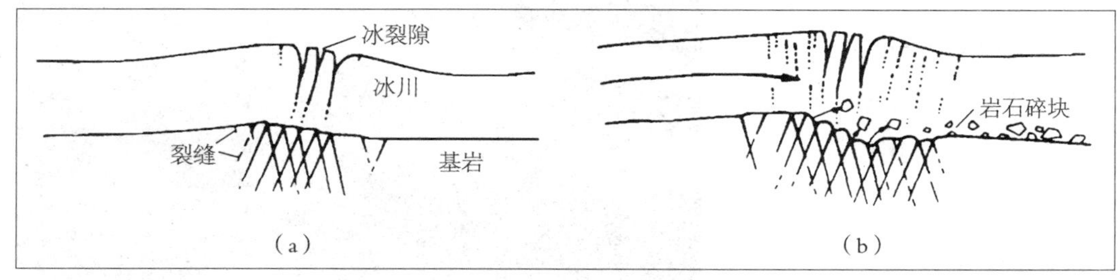

图3-14 冰川的剥蚀作用

（a）冰川在前进中遇到冰床基岩的凸起，凸起中有裂缝；（b）冰川将冰床凸起的基岩压碎掘起，掘起的岩块冻结在冰川底部和边部被带走，并借以进一步磨蚀基岩表面

一般呈楔形，其延伸方向与冰川的运动方向一致，并且是由粗的一端指向细的一端。具有冰川擦痕的砾石称为条痕石。磨蚀作用的强弱主要取决于冰川含岩屑的数量和岩屑的性质、冰层的厚度以及冰川的流速等。

挖掘作用和磨蚀作用是同时进行的，但在冰床的不同部位这两种方式作用的强度不完全相同。一般在冰床的凸起部位与迎流面磨蚀作用较强，而在冰床的背流面、冰床底部及冰川后缘挖掘作用较盛行一些。刨蚀作用形成的地形称为冰蚀地形，常见的有冰斗、刃脊、角峰和冰蚀谷等，如图3-15所示。

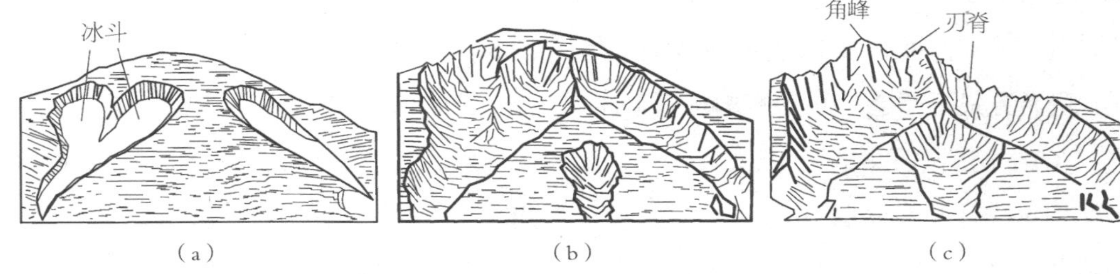

图3-15　冰斗、刃脊和角峰的发育（据William Lee Silkes 等，1978）
（a）冰斗出现；（b）相邻冰斗扩大和伸长；（c）角峰和刃脊形成

3.风的剥蚀作用

风以自身的动力以及所挟带的沙石对地面进行破坏的作用称为风蚀作用。它是一种纯机械的破坏作用，其方式包括吹扬作用和磨蚀作用。

（1）吹扬作用

风把地表的松散沙粒或尘土扬起并带走的作用，称为吹扬作用。由于以风的动力，把物质吹离原地，故又称为吹蚀作用。当风刮过地面时，风就对沙粒产生正面冲击力以及由紊流和涡流产生上举力，如果这两种合力大于重力，沙粒就能离开地面被扬起随风带走，如图3-16所示。影响吹扬作用强

图3-16　风吹扬作用形成的沙尘暴

度的因素主要有风速和地面性质。风速大、地面植被稀少、组成地面的物质松散、细，吹扬作用就强烈；反之，吹扬作用就弱。所以吹扬作用主要见于沙漠及海滩等地。

（2）磨蚀作用

风以挟带的沙石对地面岩石的破坏作用称为磨蚀作用。风的磨蚀作用通常包括风挟带沙石对地面岩石的正面冲击和磨蚀，从而使岩石破坏、破碎。磨蚀作用的强度主要与风沙流的特征有关，因为风沙流在近地表30 cm范围内含沙量最高，沙粒的运动也最活跃，所以在该范围内风的磨蚀作用最强烈。风的磨蚀作用还受风速和地面性质的影响，风速大，地面松散物质多，风沙流的含沙量高，风的磨蚀作用就强。

在长期的风蚀作用下，地面物质不断遭受破坏和改造，可形成各种奇特的地形。在盆地的边缘或孤立凸出的岩块，由于近地面磨蚀作用强，向上减弱，常可形成上大下细、外形呈蘑菇状的石块，称为风蚀蘑菇石（图3-17）。在一些岩壁上，由于岩性软硬不一，抗风蚀能力不同，在风沙流的磨蚀作用下，形成大小不一的风蚀穴（图3-18）。如果一块岩石的表面几乎被大大小小的风蚀穴所包裹，其形状似蜂窝，这种石块称为蜂窝石。风蚀穴的形成

图3-17　风蚀蘑菇

图3-18　风蚀穴

图3-19 干旱区风的地质作用形成的地形（据李尚宽，1982）

1. 风蚀湖；2. 风蚀蘑菇；3. 风蚀城；4. 风蚀柱；5. 蜂窝石；6. 新月沙丘；7. 塔状沙丘；8. 沙垄；9. 风成交错层理

是沙石撞击及在洞穴里旋转磨蚀作用的结果。若岩块发育垂直裂隙，经长期风蚀作用和重力崩塌，可形成风蚀城和风蚀柱，如图3-19所示。

风蚀作用还可沿着前期其他地质作用形成的谷地发育，通过风沙流不断剥蚀谷地的谷壁及谷底，把它改造成风蚀谷。风蚀谷与冰蚀谷、河谷具有显著的不同，其特点是：在平面上无规则延伸；在横剖面上可形成上小、下大的葫芦形；谷底极不平坦，忽高忽低，没有从上游到下游逐渐变低的趋势；主风蚀谷和支风蚀谷也呈无规则交汇。一些散布在戈壁滩上或沙漠中的砾石，在风的磨蚀作用下，可形成光滑的磨光面；当下次的风向改变或砾石翻动，又可在砾石上形成另一个磨光面。这样，最终形成棱角明显、具多个磨光面的砾石，称为风棱石。

三、海洋及湖泊的剥蚀作用

海洋的剥蚀作用是指由海水的机械动能、溶解作用和海洋生物活动等因素引起海岸及海底物质的破坏作用，简称海蚀作用。海蚀作用按方式有机械的、化学的和生物的三种。机械海蚀作用主要是由海水运动产生动能而引起的（如波浪、潮汐等），破坏的方式有冲蚀和磨蚀；化学海蚀作用是海水对岩石的溶解或腐蚀作用；生物海蚀作用既有机械的也有化学的。机械、化学和生物海蚀作用这三种方式往往是共同作用的，但以机械方式为主。因海岸地区水浅，受波浪和潮汐作用影响大，因而该区域是海蚀作用最强烈的地带。

由坚硬的、未经移动的岩石组成的海岸称为基岩海岸。该海岸的特点是海底的坡度较陡，海岸线凹凸不平，海水深度由海洋至海岸方向迅速变浅，海底常有礁石。当波浪运动至浅滩或礁石附近时，因海底阻力大，使水面波峰超前、涌向岸边并拍击海岸，形成强大的拍岸浪。在基岩海岸的海水面附近，由于海水拍岸浪的机械冲击和海水所挟带沙石的磨蚀作用以及化学的溶蚀作用，该部位的岩石不断遭受破碎，被掏空，形成向陆地方向楔入的凹槽，称为海蚀凹槽（图3-20）。随着海蚀作用的进一步进行，海蚀凹槽不断扩大，其上的岩石因支撑力减小而不稳定，发生重力崩塌，形成陡峭的崖壁，称为海蚀崖（图3-21）。海蚀崖形成后，其基部岩石还继续受海水的剥蚀，又形成新的海蚀凹槽——海蚀崖。如此反复，海蚀崖不断向陆地方向节节后退，在海岸带形成一个向上微凸并向海洋方向微倾斜的平台，称为波切台。而被破坏下来的碎屑物质被搬运至水面以下沉积下来，形成波筑台。在海岸线向陆地后

——地学知识窗——

潮　汐

潮汐是沿海地区的一种自然现象，是指海水在天体（主要是月球和太阳）引潮力作用下所产生的周期性运动，古代称白天的河海涌水为“潮”，晚上的称为“汐”，合称为“潮汐”。习惯上把海面垂直方向涨落称为潮汐，而海水在水平方向的流动称为潮流。

图3-20　海蚀凹槽

图3-21　海蚀崖

退和波切台扩展的过程中，由于组成基岩海岸岩性的差异或海岬和海湾的相间出现、地质构造的影响以及海蚀作用方向的不同等原因，海蚀作用在海岸带上可形成海蚀穹、海蚀柱（图3-22）、海蚀桥等地形。

图3-22　海蚀柱

由松散沉积物（沙、砾）组成的海岸称为沙质海岸（图3-23）。沙质海岸疏松、坡度缓，波浪从海至岸边，波能逐渐消失，所以剥蚀作用较弱，只能对海岸地形进行一定的改造。

图3-23　沙质海岸

湖泊是陆地上的积水盆地，其特征与海洋相似，只是在规模上较小。湖泊的湖水运动、剥蚀作用方式、过程及产物与海洋的也极为相似，只是名称不同而已。如湖水的运动有湖浪、潮汐及湖流等，形成的剥蚀地形有湖蚀凹槽、湖蚀崖等。

搬运作用

地表风化和剥蚀作用的产物分为碎屑物质和溶解物质。它们除少量残留在原地外，大部分都要被运动介质搬运走。自然界中的风化、剥蚀产物被运动介质从一个地方转移到另一个地方的过程称为搬运作用。

一、搬运作用的方式

碎屑物质的搬运主要以机械搬运、化学搬运和生物搬运的方式来进行，生物搬运作用与前两种类型相比意义较小。

1.机械搬运作用

机械搬运作用是各种营力搬运风化、剥蚀所形成的碎屑物质的过程。流水、风、冰川、海浪等营力，均能进行机械搬运。碎屑物质的搬运方式取决于颗粒在介质中的受力状况。流体作用于碎屑颗粒上的力主要有：浮力（F）、重力（G）、水平推力（P）和垂直上举力（R）。这些力的共同作用决定了碎屑物质搬运的方式，概括起来，机械搬运作用可分为推移、跃移、悬移和载移四种方式（图3-24）。

（1）推移

流体在运动过程中，对碎屑物质有一个向前的推力。当$P \geq f \times (G-F-R)$

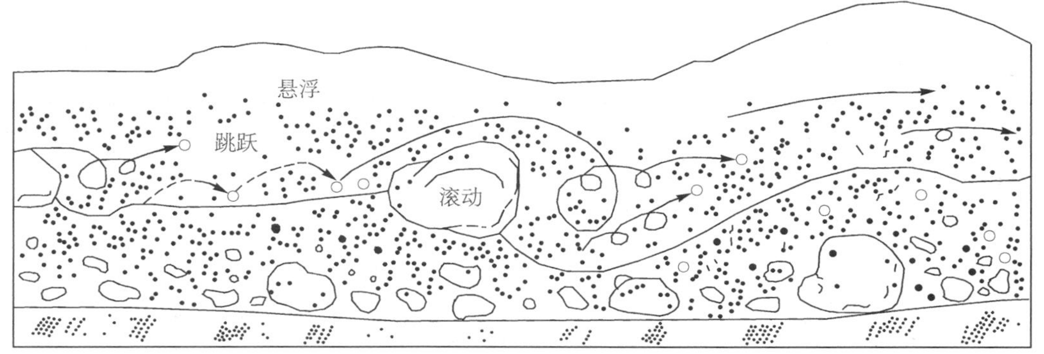

图3-24　碎屑物质在水流中的三种运动状况示意图（据苏文才等，1990）

时（*f*为摩擦系数），碎屑颗粒开始沿介质底面滑动和滚动，这种搬运方式叫推移。被推移的物质一般为粗碎屑物质，如粗沙和砾石。

（2）跃移

在搬运过程中，碎屑物质沿地面呈跳跃方式向前移动的过程叫跃移。一般来说，细沙、粉沙的搬运方式以跃移为主。当$R \geqslant G-F$时，碎屑颗粒就会从地面上跃起，并在推力作用下向前移动。当颗粒上升到一定高度时，上举力就会大大减小，在重力作用下，颗粒再次落到地面上。上举力减小的原因是由于颗粒跃起后，颗粒上下的绕流线呈对称状，并且颗粒上下流体的速度差也明显变小，导致压力差减小，上举力也就降低。颗粒跃起、降落，再跃起、再降落，这种过程反复进行，碎屑颗粒就不断地跳跃前进。

（3）悬移

细小的碎屑颗粒在流体中，总是呈悬浮状态被搬运，这种搬运方式称为悬移。悬移主要发生在紊流中，流体的紊流作用使得上举力大于碎屑颗粒的重量，其结果使细小的物质悬浮在流体中搬运。

（4）载移

冰川在刨蚀作用的同时也进行搬运作用，被冰川搬运的物质称为冰运物。冰川除在冰川前端推进时推移前端的碎屑物质外，主要是搬运刨蚀冰床基岩的产物和两侧谷壁基岩塌落下来的碎屑物。这些碎屑物有的堆积在冰川表面，有的冻结在冰体内，随冰川一起运移，恰似一条传送带载运物质，这种冰的固体搬运过程称为载移。

2.化学搬运作用

母岩经化学风化、剥蚀作用分解的产物（溶解物质）呈胶体溶液或真溶液的形式被搬运称为化学搬运作用。Al、Fe、Mn、Si的氧化物难溶于水，常呈胶体溶液搬运；Ca、Mg、Na等元素所组成的盐类，常呈真溶液搬运。见表3-1。

表3-1　元素迁移序列表

元素的迁移序列	迁移系列元素的组成
极易迁移的元素	Cl（Br、B、I）、S
易被迁移的元素	K、Ca、Na、Mg、F、Sr、Zn、Uv
可迁移的元素	SiO_2（硅酸盐的）、Mn、P、Ba、Rb、Ni、Cu
略可迁移的元素	Al、Fe、Ti
实际不迁移的元素	SiO_2（石英）

（1）胶体溶液搬运

低溶解度的金属氧化物、氢氧化物和硫化物，常呈胶体溶液被搬运。胶体溶液的性质介于悬浮液和真溶液之间，在普通显微镜下不能识别。胶体质点极小，存在着布朗运动，因此重力影响微弱，使得胶体能够搬运较远的距离；胶体质点常带电荷，当胶体具有相同符号的电荷时，因排斥力而避免胶粒聚集成大颗粒，有利于搬运；有机质的护胶作用可使胶体在搬运中保持稳定。当胶体进入海洋或湖泊中，由于化学条件发生变化，搬运过程结束，胶体凝聚沉积。

（2）真溶液搬运

母岩风化、剥蚀产物中，S、Cl、Ca、Na、Mg等成分多呈离子状态溶解于水中，即呈真溶液状态被搬运。有时Fe、Mn、Al、Si也可以呈离子状态在水中被搬运。可溶物质能否溶解、搬运或者沉淀，与其溶解度有关。可溶物质的搬运或沉淀还与水介质的酸碱度（pH）、氧化-还原电位（Eh值）、温度、压力以及CO_2含量等一系列因素有关。

二、不同营力的搬运作用

在地面流水、海洋、湖泊、地下水、冰川和风等营力中，某些营力既能进行机械搬运，又能进行化学搬运，而有些营力只能进行机械搬运。由于不同营力各具特点，所以它们的搬运作用特点也不一样。

1.地面流水的搬运作用

地面流水的搬运作用既有机械搬运，也有化学搬运，但以机械搬运作用为主，包括推移、跃移和悬移三种方式。不同的流水状态和颗粒大小，其机械搬运方式有所不同。在洪流中，往往推移、跃移和悬移三种方式同时存在；在片流中，主要是推移和悬移；在河流中，上游水急、颗粒较大，推移、跃移和悬移三者共存，且推移、跃移更重要一些，在中下游则是跃移和悬移更主要。颗粒的搬运方式不是固定不变的，随着流速增大，推移可变为跃移，跃移也可变为悬移；流速降低时，则发生相反的转变。

在河流中，较粗大的砾石多是以推移搬运。砾石一般呈椭球形或长圆形，它们在河水推动下，长轴总是垂直水流方向，并沿河底向前移动。一旦水流推力减小，它们就停积下来，砾石的最大扁平面倾向河流上游，并呈叠瓦状排列。位于主流线附近的砾石，长轴方向可平行水流，最大扁平面仍倾向河流上游，据此可以判断古代河流的流向。颗粒中等的砂粒搬运方式很复杂，由于水流是不均匀的运动，沙粒也就会不均匀地运动，发生推移与跃移相交替的现象。细、粉沙级以下的颗粒通常以悬移为主。

片流的流量和流速均较小，它只能搬运少量的、细小的碎屑颗粒，但在大雨时，片流借助于重力，也能搬运较大的砾石。洪流的流量和流速均较大，因而具有很强的搬运能力，它能挟带大量的泥沙和巨大的石块沿沟谷流动。

2.冰川的搬运作用

冰川的搬运是颇具特色的。首先，它们是固体搬运，即载移，搬运能力很大；其次，冻结在冰体内的岩石碎块不能自由移动，彼此间很少摩擦与撞击，只是岩块与岩壁间有摩擦；再者，冰川具有较大的压力。这些特点决定了其沉积物的特征。冰川搬运的物质通常称为冰碛。冰川不同于地面流水、地下水、海水、湖水和风，这些外动力的机械搬运都要耗费搬运介质的动能，而冰川搬运并不消耗冰川的动能。冰川发生流动说明此时冰面倾斜产生的重力或压力已足够大，由此而引起的平行于冰床方向的分力，已超过冰川与冰床之间或上、下冰层之间的摩擦力。在此情况下，冰川上叠加再大的岩块、再多的岩屑，不但不会阻止冰川的流动，而且会助长冰川的流动。正像在向下坡滑行的车辆上加载重物，会促进车辆运动一样。因此，冰川的机械搬运力巨大，可将体积几百立方米，重几十吨到几万吨的石块搬走（图3-25、图3-26）。

图3-25　冰川沉积的巨石

图3-26　开谷移山的能量

3.风的搬运作用

风的密度远较流水小，所以其搬运能力比相同速度的流水小得多，它通常只能吹动沙级以内的颗粒。风搬运的能力虽小，但由于风沿地面吹动，常波及几万平方公里的范围。因此，风沙流所携带的沙量往往是很大的。在沙漠地区，一次大风暴形成的风沙流所搬运物质的总量可达几十万到几百万吨。风的搬运能力主要取决于风速，此外还与搬运物的颗粒大小、密度、形状以及地面状况有关。地面风速很小时，只能吹动微尘，随着风速加大，搬运沙粒的粒径也就加大，风沙流中的含沙量也随之增加。据观测，在干燥的沙漠地区，风速大于30 m/s时，可将地面的细砾吹走，造成飞沙走石的现象。

跃移是风搬运沙粒的主要形式，颗粒在风中产生的跳跃，同在流水中的原理一样。不同的是颗粒在空气中的移动，要比在水中自由得多，而且活动状态也很不同。一个飞扬的颗粒如果碰击在基岩或大石块上，其跳跃几乎像弹性体，很少失去动能，这是由于空气密度很小的缘故。如果飞扬的颗粒落在松散干燥的沙质沉积物上，飞行沙的能量就消失在被撞击的颗粒上，被撞击的颗粒如果较细，就会被抛向空中，这样就发生了真正的“连锁反应”。如果被撞击的颗粒较粗，就会产生挪动。弹起的颗粒不论其高度和方向如何，都将被风驱使着向前搬运，那些弹得愈高的也就被搬运得愈远。颗粒的跃移轨迹呈弓形弹道式，它们都以与水平面呈略小于15°的角度，不断地撞击沉积物的表面。在正常的地面风条件下，粒径小于0.1～0.2 mm的颗粒，可呈悬浮搬运；粒径小于0.005 mm的粉沙与黏土，可以像尘埃一样弥散在空气中被长距离搬运。当发生风暴时，这种搬运作用就更为强烈。如图3–27所示。

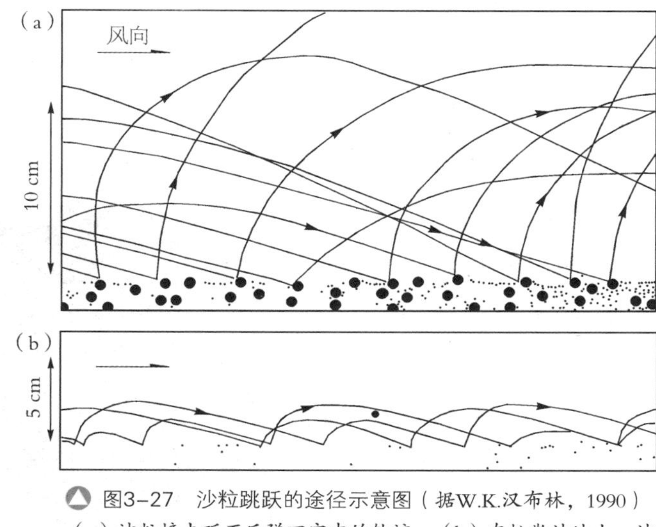

图3–27　沙粒跳跃的途径示意图（据W.K.汉布林，1990）
（a）沙粒撞击砾石后弹回空中的轨迹；（b）在松散沙地上，沙粒的撞击力消减，故紧靠地面向前移动

4.地下水的搬运作用

由于地下水主要是在松散沉积物和岩石空隙中运动，流速很小，故其机械搬运力很弱。只有在较大的地下河中，才与河流相类似。

地下水主要为化学搬运，化学搬运物的成分和数量取决于地下水渗流区的岩石性质和风化程度。流经灰岩地区的地下水含HCO_3^-、Ca^{2+}、Mg^{2+}较多。在干旱及半干旱地区，因化学风化较弱，只有极易迁移的K^+、Na^+、Cl^+、SO_4^{2-}等离子易被地下水运走。在湿热气候区，化学风化作用强烈而彻底，地下水搬运的物质除上述物质以外，可有较多的SiO_2、$Al(OH)_3$、$Fe(OH)_3$等胶体物质。

地下水的溶运能力与水温、压力、运移速度、酸碱度及CO_2含量有关。一般来说，温度高、压力大、流速快、CO_2和酸类物质含量高时，其溶运能力强；反之，则较弱。据统计，全世界每年由河流搬运入海的溶解物质多达49亿t，其中大部分由地下水搬运而来。

5.海洋（及湖泊）的搬运作用

在海洋中，波浪、潮流和海流是主要搬运营力。在滨海地区，通常以波浪为主要搬运营力；在峡湾或潮汐通道附近，潮流的搬运作用明显；在半深海与深海则以海流为主要营力。推移方式的搬运主要出现在海滨，推移物质一部分来自河流，另一部分来自海蚀作用。当波浪垂直海岸作用时，进流将砾石推向岸边，回流则将沙带向深水区，这种物质垂直海岸方向的移动称为横向搬运。它可使碎屑物质产生良好的分选，并造成碎屑物质由岸向海呈带状分布，即砾石、粗沙在岸边，较细的物质在海洋一侧。滨海砾石的长轴大致与海岸线平行，其最大扁平面倾向海洋。当波浪斜向冲击海岸时，在进流与回流的共同作用下，粗沙和砾石以推移方式沿海岸方向运移，如图3-28所示。

湖泊的搬运作用与海洋类似，但其动能比海洋要小得多。

图3-28　砾石滩

三、搬运过程中碎屑物质的变化

碎屑物质在长距离搬运过程中，由于颗粒间的碰撞和摩擦，流体对颗粒的分选作用，以及持续进行的化学分解和机械破碎，使得矿物成分、粒度、分选性和外形都要发生变化。

1.矿物成分上的变化

由于搬运过程中的化学分解、破碎和磨蚀作用，随着搬运距离的增加，不稳定组分如长石、铁镁矿物等就会逐渐减少，而稳定组分如石英、燧石等含量就会相对增加。

搬运过程中的破碎和磨蚀作用对矿物成分的影响，许多学者做了研究。一般来说，软的、耐磨性低的、易劈开破碎的矿物，容易磨损甚至消失；反之，就易于保存而含量相对增加。重矿物随着远离侵蚀区，其含量明显减少。

2.粒度和分选性的变化

粒度是指碎屑颗粒的大小。分选性是指颗粒大小趋向均一的程度。随搬运距离的增长，沉积颗粒愈来愈细。河流上游因距离近，河床中只有较粗的物质；下游搬运距离远，河床中的物质则较细。另外，磨蚀和破碎作用不断使颗粒变小，随着搬运距离的加大，使细小的颗粒不断增加。随着搬运距离的增加，颗粒分选程度也愈来愈高，即颗粒大小越趋向于一致。但分选性还与粒度有一定关系，即愈趋向于细沙级，分选就愈好。因为细沙最活跃，易于沉积也易于搬运，因此可以受到不止一次的分选作用。应该注意，分选性与营力的性质有密切关系，风积物分选性好，而冰碛物分选性极差。因此，分选性是判定沉积物成因的重要标志。如图3-29所示。

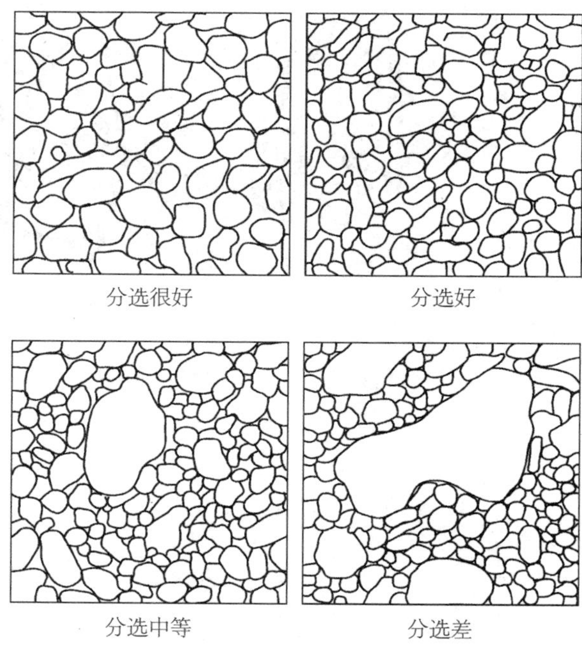

图3-29 颗粒分选性示意图

3.圆度和球度的变化

圆度是指碎屑颗粒在搬运过程中，棱角磨损而接近圆形的程度，如图3-30所示。球度则是碎屑颗粒接近于球形的程度。由于磨蚀作用，随着搬运距离的增加，圆度和球度一般是愈来愈高的。特别是在搬运初期，圆化较为迅速。破碎作用的存在，可部分地抵销颗粒的圆化。碎屑颗粒的圆化还受到矿物物理性质、搬运方式等因素的影响。硬度低者易于磨圆，粒状矿物易于磨圆。推移、跃移易使颗粒圆化，悬移难使颗粒圆化，载移则不能使颗粒圆化，故冰碛物多为棱角状。

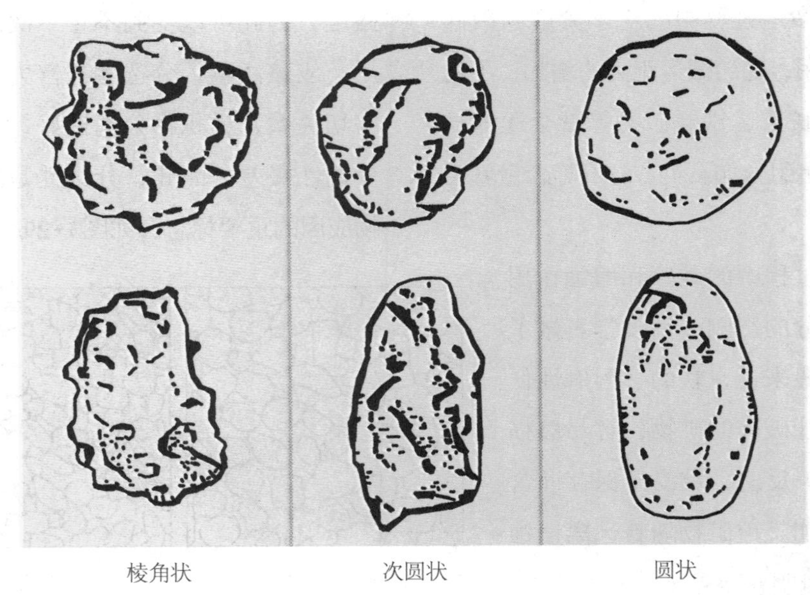

图3-30 碎屑颗粒的圆度示意图

沉积作用

一、地面流水的沉积作用

地面流水的沉积作用以机械沉积作用为主，由于地面流水总是处于较快的运动与循环状态，其中的溶运物在搬运过程中一般不具备沉积条件，故化学沉积作用微弱。

1.河流的沉积作用

（1）沉积作用的原因

河流的沉积作用，自上游至下游普遍存在。发生沉积作用的原因，归纳起来有三点：第一，河流的不同部位流速发生变化。如河道由狭窄突变为开阔的地段，河流弯道的凸岸，支流与主流的交汇处，河流的泛滥平原上，河流的入湖、入海处等，流速均明显降低，可以引起河流沉积。第二，河流流量随气候或季节而变化。如在枯水期减少，因而河流动能减小，搬运能力降低，引起沉积。此外，发生河流袭夺也可使流量减少。第三，搬运物增加，负荷过重。如因山崩、滑坡以及洪水注入等均可使河流超负，河水的能量不足以将其搬运，较粗的碎屑物便在河床中沉积下来，从而抬高河床，这种沉积过程称为加积作用，它在河流沉积作用中占有极重要的地位。

（2）河流沉积物的特征

河流沉积的物质称为冲积物，都是在流动的水体中以机械方式沉积的碎屑物，因而具有下列基本特征：

①分选性较好。这是由于流水搬运能力的变化比较有规律。在一定强度的水动力状况下，只能有一定大小的碎屑物质沉积下来。如近河床主流线的沉积物粗，远离主流线的沉积物细。然而，就某种特定条件下的沉积物本身来说，则是比较均一的。

②磨圆度较好。较粗的碎屑物质，在搬运过程中相互之间以及碎屑物与河底

之间不断摩擦，变圆滑。如河床中的卵石，常常是相当圆滑的。

③成层性较清楚。这是由于河流的沉积作用具有规律性变化。如因河床侧向迁移，同一地点在不同时期所处的部位在变化，接受的沉积物的特征也就不一样。此外，就同一地点而言，洪水期沉积物粗而且数量多，枯水期沉积物细而且数量少；夏季沉积物颜色较淡，冬季沉积物颜色较深，不同时期沉积物的成分也会有差别等等。因而在沉积物剖面上表现了成层现象，如图3-31所示。

④韵律性。特征类似的两种或两种以上的沉积物在剖面上有规律的交替重复出现，称为韵律性或旋回性，每一次重复就形成一个韵律。河流沉积常具有韵律性。如一个完整的韵律可以包括下部的河床沉积、中部的河漫滩沉积及上部的牛轭湖沉积。这样一个韵律代表了河床在一次侧向摆动时逐次沉积的产物。如河床反复进行侧向摆动，就可以形成若干个韵律。

⑤具有流水成因的沉积构造。河流沉积物中常见有特征性的波痕、沙丘

图3-31　河流形成楔状交错层理

以及交错层等原生构造，如图3-32所示。

（3）沉积的主要类型

①心滩。河道宽窄不一，流水从窄束段流入开阔段时，流速减小，致使较粗碎屑在河底中部淤积，最初形成雏形心滩。雏形心滩很不稳定，可因后来的冲刷而消失。由于雏形心滩的存在，过水断面缩小，水流速度增大，并促使主流线偏向两岸，从而使两岸冲刷后退，产生环流。这时表层水流由中间向两岸流动，底层水流从两侧向中间流动，形成两股环流，促进河床中部沉积的发生。流水携带的碎屑沿雏形心滩周围和顶部不断淤积，使之不断扩大和淤高，转变成心滩（图3-33）。心滩在洪水期被淹没，在枯水期露出。如心滩因大量沉积物堆积而高出水面，则转变成江心洲（图3-34）。江心洲仅特大洪水时才被淹没。一般说来，洲头不断侵蚀，洲尾不断沉积，江心洲便缓慢地向下游移动；在移动过程中，几个小洲可能合并成一个大洲；江心洲也可能向岸边靠拢与河漫滩相联结。

图3-32　河流沉积物特征

图3-33　河流心滩

图3-34　九江江心洲

②边滩与河漫滩。边滩是单向环流将凹岸掏蚀的物质带到凸岸沉积形成的小规模沉积体，仅在洪水期被淹没。河漫滩是边滩变宽、加高且面积增大的产物。河漫滩在洪水泛滥时被淹没，在枯水期露出水面。在丘陵和平原区谷底开阔，可以形成宽广的河漫滩，其宽度由数米到数十千米以上，可以大大超过河流本身的宽度。我国黄河、长江下游有极宽阔的河漫滩。黄河下游，常因河水在河漫滩上漫溢而成灾。当洪水在滩面漫溢时，水流分散，流速降低，加上滩面生长的植物阻碍着洪水的流动，使泥质和粉沙等较细物质在河漫滩上沉积下来，这种沉积物称为河漫滩沉积物。在河漫滩沉积物之下，常出现沙和砾石等较粗的沉积物，它们是早先在河底及边滩中沉积的河床沉积物，是河床曾在谷底上迁移的遗迹。河漫滩沉积物和下面的河床沉积物一起构成了河漫滩二元结构（图3–35）。河漫滩二元结构是丘陵及平原地区河流堆积物的普遍特征。

③三角洲。当河流入海（湖）时，流速骤减，河水和海水混合，把动能传输给海水，最后因摩擦作用使能量消耗而停止运动，河水即行消散。河水消散后失去了搬运物质的能力，遂发生沉积，从而形成三角洲。最简单的情况是河流注入淡水湖时形成的三角洲。因河水密度和湖水一样，河水在各个方向上与湖水混合并迅速减速直到停止运动而发生沉积。沉积的一般规律是在近河口处沉积的是较粗粒物质，稍远为中粒物质，更远为细粒物质。在典型情况下，湖泊三角洲具有三层结构。其底部沉积于平坦的湖底，离河口较远，沉积物往往是黏土，产状水平，称为底积层；三角洲的中部沉积于湖盆倾斜的边坡，离河口较近，沉积物较粗，具有向湖心倾斜的原生产状，称为前积层；上部沉积是在湖面附近主要由河流漫溢而成的，沉积物比前两层粗一些，产状水平，称为顶积层。随着三角洲向前推进，顶积

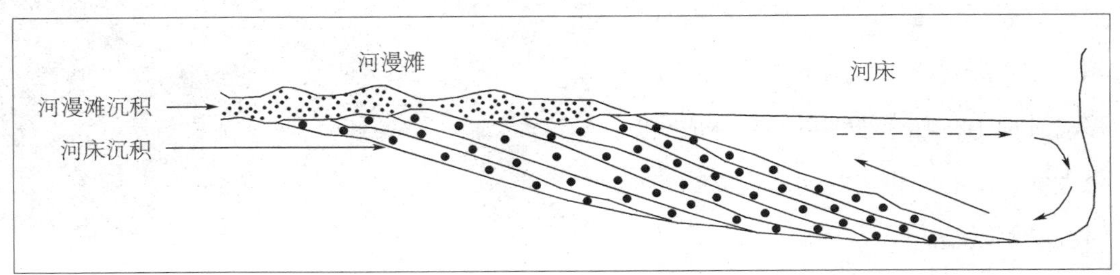

图3–35　河漫滩二元结构示意图

层上可以形成较为广阔的三角洲平原。构成三角洲的这三部分在垂直方向上是上下关系，在横向上是距河口远近的关系。如图3-36所示。

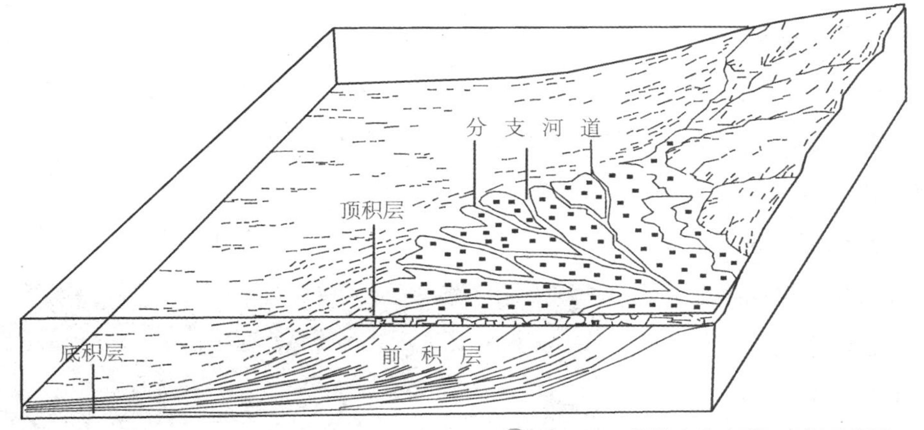

图3-36 湖泊中的小型三角洲示意图

海中形成的三角洲比湖中形成的三角洲要复杂。海中三角洲的前积层坡度往往要平缓得多，仅仅在几度以内且三角洲在水平范围上延伸得更远。这是因河水密度比海水小，较轻的淡水及其携带的物质势必会散布在离河口更远的水面上；同时，淡水只能沿水平方向上与海水混合，因而混合与消散的速度较慢，以至搬运物能扩散很远。图3-37所示为黄河三角洲。

图3-37 黄河三角洲影像

2.洪流和片流的沉积作用

洪流的沉积作用很普遍，特别是在干旱和半干旱地区。洪流是主要的地质营力，它不但具有强大的侵蚀能力，而且具有较强的搬运能力。当洪流携带大量碎屑物质抵达冲沟口时，水流突然分散，碎屑物质便沉积下来。由洪流形成的沉积物叫洪积物。洪积物在冲沟口所形成的扇状堆积体叫洪积扇（图3–38）。大型的洪积扇中，洪积物具有明显的分带现象。在洪积扇顶部，堆积有粗大的砾石，这是由于水动力在此地带突然降低所致。在洪积扇边缘，地形较缓，水动力更弱，沉积物主要为沙、黏土，并具有层理。在扇顶与扇缘之间，沉积物既有砾石，又有沙及黏土。洪积物这种分带现象是粗略的，各带之间没有截然的界线。

由片流在坡坳、坡麓地带形成的碎屑堆积物叫坡积物（图3–39）。坡积物围绕山麓连续分布所形成的裙裾状地形为坡积裾。片流是一种面状水流，水动力本来就较弱，当它到达坡坳、坡麓时，水动力几乎消失，所携带的碎屑物质便堆积下来，故坡积物一般为细碎屑物，如亚沙土、亚黏土等。片流又可看作是由无数股很细小的水流组成，它局部水动力较大，因此在坡积物中会经常见到小的砾石透镜体。坡积物分布广，

图3–38　洪积扇

图3–39　坡积物

但其厚度小。当山坡岩石风化强烈、碎屑物质丰富、又无植被覆盖时，坡积物就很发育。

二、地下水、冰川及风的沉积作用

1.地下水的沉积作用

地下水的沉积作用以化学沉积作用为主，一般只在地下河、地下湖才发育一定数量的碎屑沉积，另外还可形成一些洞穴崩塌碎屑堆积。图3-40所示为四川黄龙地下水及其沉积物。地下水溶运的各种物质，在渗流过程中，由于水温及压力等条件改变，便可发生沉积，有利于化学沉积的场所主要是洞穴和泉口。

溶洞沉积物：在灰岩区，当溶有重碳酸钙的地下水渗入溶洞时，压力突然降低，水中溶解的CO_2逸出，形成沉淀。地下水在洞顶渗出，天长日久便可在洞顶形成悬挂的锥状沉积物，既石钟乳；地下水滴至洞底形成向上增长的笋状沉积物称为石笋；当石钟乳和石笋连接在一起时称为石柱。石钟乳、石笋、石柱统称为钟乳

图3-40 四川黄龙地下水及其沉积物

石，其沉积物多呈同心柱状或同心圆状结构。如图3–41所示。

泉华沉积物：当泉水流出地表时，因压力降低、温度升高，地下水中的矿物质发生沉淀，沉淀在泉口的疏松多孔物质叫泉华。泉华的成分为$CaCO_3$时，称为钙华或石灰华；以SiO_2为主时称为硅华。由于泉华物质成分、沉淀数量及泉口地形的差异，泉华可堆积成锥状、台阶状或扇状地貌。

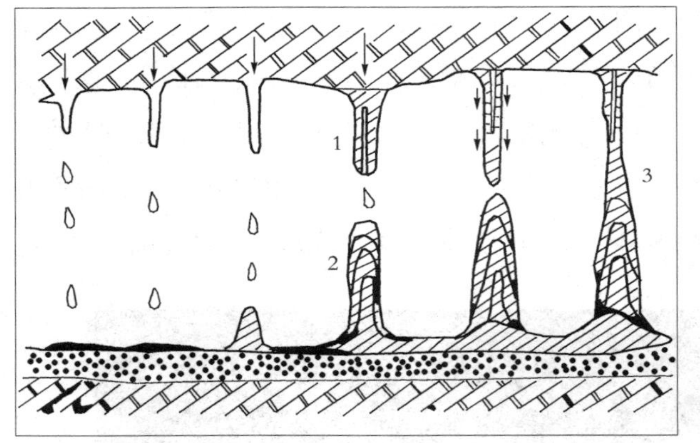

图3–41　石钟乳1、石笋2和石柱3的形成示意图

2.冰川的沉积作用

冰川向雪线以下流动，并不是无休止的。随着气温的逐渐升高，冰川逐渐消融，冰运物也就随之堆积，所以，冰川消融是冰川堆积的主要原因。此外，冰川前进时，若底部碎屑物过多或受基岩的阻挡，也会发生中途停积。由此可见，冰川的沉积是纯机械沉积。如图3–42所示。

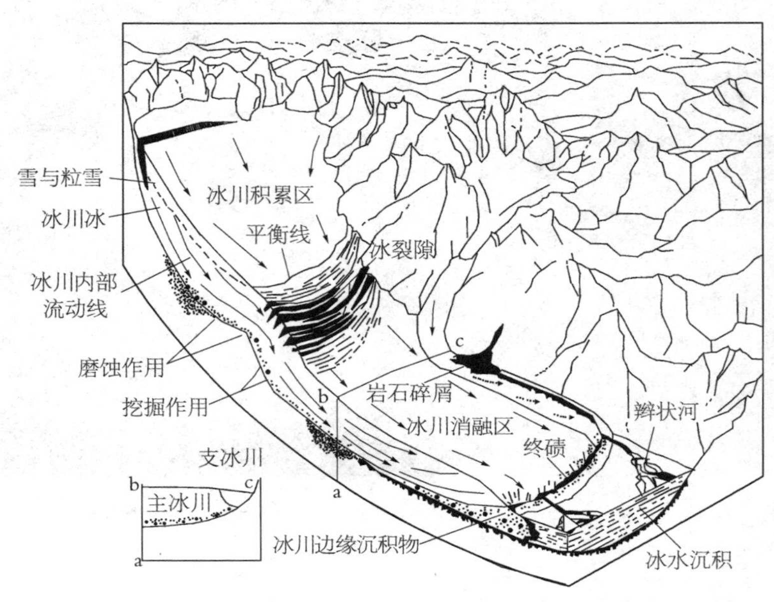

图3–42　山谷冰川的主要特征及其沉积物示意图

当气候条件稳定时，冰川的前端（冰前）稳定于一定地点，那里冰川的消融量等于供给量，整个冰川虽在流动，但冰前的位置不变。因此，冰川将冰运物源源不断地输送到冰前堆积，形成弧形的垅岗，称为终碛堤，其外侧较陡，内侧较缓。不同类型及规模的冰川所形成的终碛堤规模差异甚大。当全球气候变冷，冰川扩展时，即冰进时期，冰川供给量大于消融量，终碛堤被推进，可形成宽缓的终碛堤。在大陆冰川终碛堤的内侧，冰川流动时，因碎屑物过多并受基岩阻挡，冰运物堆积，形成一系列长轴平行于流向的丘状地形，称为鼓丘。如图3-43所示。

当气候转暖，冰川萎缩时，即冰退时期，冰运物不再运往固定的地点堆积，而是随着冰前的后退广泛堆积在冰床上，这部分冰碛称为底碛。山谷冰川的两侧在冰川退缩时，可堆积成侧碛堤。在复式冰川中，两冰川侧面的复合部位可堆积成中碛堤。

3.风的沉积作用

风的沉积发生在大气介质中，是纯机械的沉积作用。风在搬运过程中，因风速减小或遇到各种障碍物，风运物便沉积下来形成风积物。风的沉积作用具有明显的分带性，干旱的风源地区以风成沙沉积为主，在风源外围的半干旱地区则发育风成黄土。

（1）风成沙沉积

风沙流遇到障碍物时，沙粒打在障碍物的迎风面上，因能量消耗，沉积下来。如果障碍物是灌木、草丛，部分沙粒便会沉落于灌木或草丛中，最后把障碍物埋没，形成沙堆。沙堆的出现改变了近地面气流的动力结构，在沙堆的背风面，产生涡流，使风力减弱，发生沉积。涡流还可以将沙堆两侧的沙粒卷进

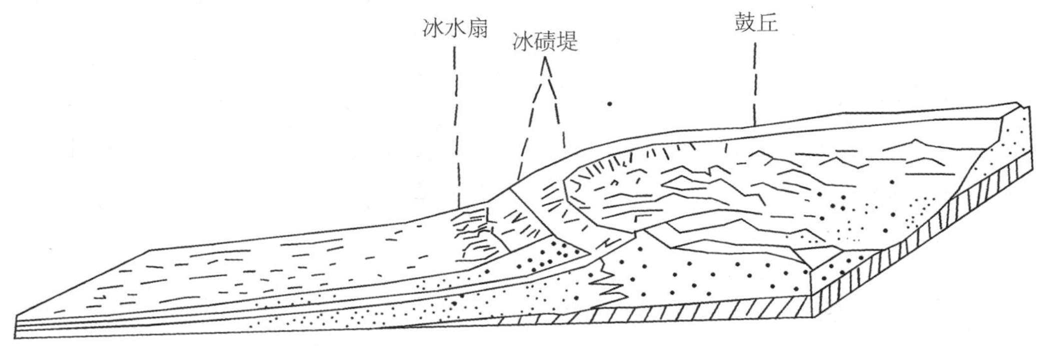

图3-43 终碛堤与冰水扇示意图

背风区沉积，随着沉积作用的进行，背风坡逐渐变陡，最后形成沙丘。如图3-44所示。风将迎风坡上的沙粒带走，并在背风坡堆积下来，沙丘内部也随之形成顺风向的斜层理。在沙源稀少的地区，如沙漠的边缘，风沙流在开阔平坦的地面上所形成的月状沙丘称为新月形沙丘。

（2）风成黄土沉积

黄土是一种灰黄或棕黄色的松散土状沉积物，以粉沙和黏土为主，孔隙及垂直节理发育，其成因复杂，但以风成为主。风吹蚀地面时，使大量粉沙和黏土离开地面，在紊流上举力的作用下，悬浮空中，被风带出沙漠区，随着风力的减弱徐徐沉降下来，形成风成黄土。如图3-45所示。风成黄土沉积基本不受地形影响，山顶、山坡、沟谷中都可发生沉积，降落面积大。

图3-44　风成沙丘

图3-45　风成黄土

三、湖泊的沉积作用

湖泊是陆地上的集水洼地，其沉积作用占主导地位。湖泊可分为淡水湖和咸水湖两类。前者多发育在潮湿气候区，不同季节水位有变化，一般为泄水湖；后者发育在干旱气候区，一般为不泄水湖。淡水湖以机械沉积为主，咸水湖则以化学沉积为主。

1.湖泊的机械沉积作用

湖水的机械沉积物主要来源于河流，其次为湖岸岩石的破碎产物。碎屑物质从浅水区进入深水区，由于动力逐渐减小，逐步发生沉积。从湖滨到湖心，沉积物粒度由粗变细，呈同心环带状分布。湖泊与海洋相似，粗碎屑物也可以堆积成湖滩、沙坝和沙嘴；细小的黏土级物质被湖流搬运到湖心，极缓慢地沉积到湖底，形成深色的、含有机质的湖泥。湖底较平静，沉积物不受波浪扰动，因此发育水平层理。一般来说，山区湖泊碎屑沉积物的粒度偏粗，平原区湖泊的沉积物粒度较细。

2.湖泊的化学沉积作用

湖水化学沉积作用受气候条件的控制极为明显，不同的气候区化学沉积物差别很大。

（1）潮湿气候区湖泊化学沉积作用

潮湿气候区降水充沛，湖泊多为泄水湖。溶解度大的组分如K、Na、Mg、Ca等的卤化物、硫酸盐很少发生沉淀，河流及地下水带入的Fe、Mn、Al等的胶体物质或盐类物质易受水质变化的影响，成为潮湿气候区湖泊化学沉积的主要组成部分。这些物质沉积后，常形成湖相的铁、锰、铝矿床，其中最常见的是铁矿床，矿物成分以褐铁矿、菱铁矿及黄铁矿为主。湖水中的钙质可以$CaCO_3$的形式沉淀出来，并与湖底淤泥混在一起，形成钙质泥，成岩后形成泥灰岩，有时钙质沉淀较少，则形成钙质结核。

（2）干旱气候区湖泊化学沉积作用

干旱气候区湖水很少外泄，主要消耗在蒸发上。蒸发作用使湖水的盐度逐渐增加，变成咸水湖甚至盐湖。图3-46所示为青海盐湖。在湖水逐渐咸化的过程中，溶解度小者首先沉淀，沉淀的顺序大

图3-46 青海盐湖

致为碳酸盐、硫酸盐、氯化物，据此将盐湖沉积划分为四个阶段：

①碳酸盐阶段。湖水在咸化过程中，溶解度较低的碳酸盐先达到饱和而结晶沉淀。

钙的碳酸盐沉淀最早，镁、钠碳酸盐次之，形成$CaCO_3$（方解石）、$MgCaCO_3$（白云石）、$Na_2CO_3 \cdot 10H_2O$（苏打），$Na_2CO_3 \cdot NaHCO_3 \cdot 2H_2O$（天然碱）。若湖水中含硼酸盐，则可出现硼砂（$Na_2B_4O_7 \cdot 10H_2O$），此类湖泊称为碱湖或苏打湖。

②硫酸盐阶段。湖水进一步咸化，深度变浅，溶解度较大的硫酸盐类沉淀下来，形成$CaSO_4 \cdot 2H_2O$（石膏）、$Na_2SO_4 \cdot 10H_2O$（芒硝）、Na_2SO_4（无水芒硝）等矿物，这类盐湖又称为苦湖。

③氯化物阶段。湖水进一步浓缩，残余湖水便能成为可供直接开采的、以氯化钠为主的天然卤水。湖水继续蒸发，食盐（NaCl）、光卤石（$KCl \cdot MgCl_2 \cdot 6H_2O$）和钾盐（KCl）开始析出，此类湖泊称为盐湖。

④沙下湖阶段。当湖泊全被固体盐类充满，全年都不存在天然卤水，盐层常被碎屑物覆盖成为埋藏的盐矿床，盐湖的发展结束。

上述盐湖发展过程是个理想的过程，只有在气候长期不变，湖水化学成分多的情况下才能达到。另外，盐湖除化学沉积外还有机械沉积，因此盐层常与沙泥层交互出现。

3.沼泽的沉积作用

沼泽的沉积作用以生物沉积作用为主。沼泽是地表充分湿润或有浅层积水的地带，一般喜湿性植被发育。植物死亡后，堆积起来形成泥炭。如图3-47所示。泥炭沼泽可分为低位、中位和高位三种类型。低位沼泽低于地下水面，由地表水和地下水补给，植物能得到充足的养分；高位沼泽中部隆起，只能从大气降水中得到补给，植物缺乏养分；中位沼

图3-47 泥炭沼泽

泽介于上述两类型间。低位沼泽泥炭最为发育。泥炭是褐色或暗棕色、相对密度疏松的有机物质，可作为燃料，亦可用于化工原料和农业肥料。

四、海洋的沉积作用

海洋是巨大的汇水盆地，是最终的沉积场所。海洋沉积物的来源主要有：（1）陆源物质：指由河流、冰川、风、地下水等动力从大陆搬运入海的物质以及海岸受侵蚀而成的物质。按其性质可分为陆源碎屑物与陆源化学物。前者是机械搬运的沙、粉沙及泥质物等较细碎屑及少数砾石，后者是以真溶液或胶体溶液搬运的离子和化合物。（2）生物物质：是由海中生物提供的$CaCO_3$、SiO_2以及磷酸盐类，它们呈溶解状态或者以介壳或骨骼的碎屑出现。（3）与岩浆活动有关的物质：是海底、岛屿或大陆近海区的火山喷发物，其中，包括固体碎屑物、气液物质、熔岩及其在海水中分解而成的产物。此外，沿洋脊裂谷带上升的热岩浆，有可能分泌热水溶液并带来某些金属元素及其化合物。（4）海底岩石溶滤的物质：海水沿海底岩石裂隙向下渗透并不断被加温。被加温的海水在海底岩石内循环的过程中，溶解并淋滤了岩石中的某些物质，如SiO_2、金属硫化物等，然后再沿裂隙向上运动，以海底热泉的方式溢出海底。（5）宇宙物质：主要是类似于各种陨石的细小颗粒，例如陨石爆炸后的残留物或漂浮在宇宙中的尘埃质点。

海洋的沉积作用可划分为滨海、浅海、半深海和深海几个环境分区。

1.滨海的沉积作用

滨海是海陆交互地带，其范围是最低的低潮线与最高的高潮线之间的海岸地带。当潮汐、波浪和沿岸流的搬运动力变小时，滨海区就产生机械沉积。滨海区由于潮汐、波浪的作用还可带来较多的生物碎屑，形成一定的生物沉积。如图3-48所示。

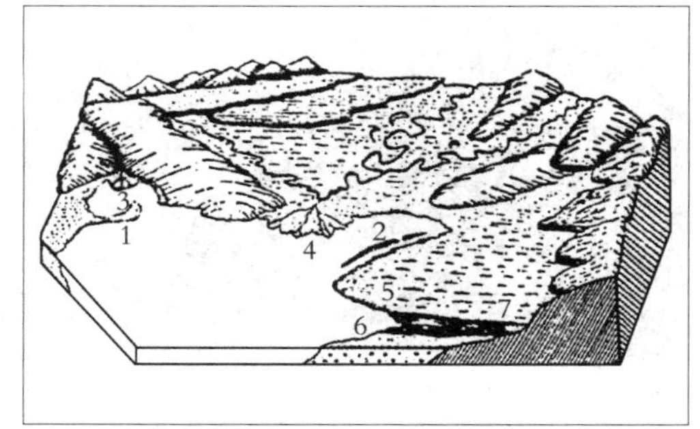

图3-48　滨海地区沉积地貌示意图
（根据李叔达，1983）
1. 沙嘴；2. 沙坝；3. 泻湖；4. 三角洲；5. 潮坪；6. 海滩和波筑台；7. 泥炭堆积

（1）海滩沉积

海滩是在海岸地带由碎屑沉积物堆积而成的平坦地形。在山区河流的入海口或基岩海岸附近，沉积物主要由砾石组成，这种海滩称为砾滩（图3-49）。砾石具有较高的磨圆度，扁圆形砾石常具定向性排列，砾石长轴基本与海岸平行，最大扁平面倾向海洋。主要由沙组成的海滩叫沙滩（图3-50）。在波浪的长期作用下，沙粒具有良好的分选性和磨圆度，成分单

图3-49 塞浦路斯北部砾石滩

图3-50 沙滩

一，不稳定矿物少，以石英砂最为常见。沙滩表面具有不对称波痕，内部具有交错层理。由于沙滩经受了波浪的长期筛选，独居石、锆石、钛铁矿、金等重矿物易富集形成滨海砂矿。

（2）潮坪沉积

在宽阔平缓的海岸地带，波浪波及不到这里，只有高潮时海水才能到达，因而这里以潮汐作用为主，此地带称为潮坪。潮流动能小于波浪，仅能把细沙、粉沙和黏土搬运到潮坪上沉积。由于潮水周期性的往复运动，潮坪沉积具有双向斜层理，沉积物表面发育波痕、泥裂、虫迹等。如图3-51、图3-52所示。

（3）沙坝及沙嘴沉积

当海浪从沙质海底的浅水区向海岸推进时，在水深约等于两个波高处，进浪与底流相遇。波浪的破碎使动能减小，所携带的泥沙便堆积下来，开始形成水下沙埂，沙埂进一步增高加宽，形成平行于海岸的长条形垅岗，称为沙坝。如图3-53所示。沙嘴也是由沙粒堆积而成的长条形垅岗，它一端与海岸相连，另一端伸入海中。它的形成过

图3-51　潮坪

图3-52　潮坪中的波痕

图3-53　沙坝

程与沿岸流有关。由于海岸曲折，每一股沿岸流并不随之曲折，当沿岸流推动沙粒前进时，因惯性使沙粒进入海湾区，然后减速发生沉积。另外，两股反向沿岸流相遇时，能量相互抵消，也能使沙粒沉积形成沙嘴。

（4）贝壳堤

在平缓而又坚实的海滨带，牡蛎等软体动物可以大量繁殖，死亡后，其骨骼被波浪冲到海滩堆积形成贝壳堤或介壳滩，如果富集、规模大，可作为石灰原料。如图3–54所示。

2.浅海的沉积作用

浅海是海岸以外较平坦的浅水海域，其水深自低潮线以下至水深200 m之间。许多地区的大陆架水深在200 m以内，地势开阔平坦，所以浅海大致与大陆架相当。浅海距大陆较近、各种生物极其繁盛，是海洋中的最主要沉积区，无论沉积物数量及沉积作用的类型都比海洋中的其他环境分区要丰富得多，古代海相沉积岩中绝大部分也为浅海沉积。

（1）浅海的碎屑沉积

浅海中90%以上的碎屑物来源于大

图3–54 贝壳堤

陆。当不同粒级碎屑进入浅海时，海水的运动使颗粒下沉速度减慢，一些较细的颗粒处于悬浮状态，海流将这些悬浮物搬运到离岸较远的地区；较粗的颗粒沉积在近岸地区。因此，从近岸到远岸，依次排列着砾石、粗沙、细沙、粉沙和黏土等。浅海带沉积物的特点是：近岸带颗粒粗，以沙砾质为主，具交错层理和不对称波痕，含大量生物化石，有良好的磨圆度和分选性，成分较单一；远岸带粒度细，以粉沙和泥质为主，具水平层理，波痕不发育，有时有对称波痕，分选好但磨圆度不高，成分较复杂。

（2）浅海的化学沉积

浅海是化学沉积的有利地区，形成了众多的化学沉积物，其中许多是重要的矿产。地质历史时期曾发育过大量浅海化学沉积，现代浅海化学沉积主要发生在中、低纬地区。浅海的化学沉积物主要有碳酸盐、硅质、铝、铁、锰氧化物和氢氧化物、胶磷石和海绿石等。在浅海化学沉积物中，碳酸盐类所占比重最大，主要为灰岩和白云岩。碳酸盐沉积的原因是温度升高或压力降低，这样引起海水中CO_2含量减少，重碳酸过饱和形成沉淀。在海水动荡的条件下，碳酸钙以一定的质点（如岩屑）为核心呈同心圆状生长，形成鲕粒状沉积物，成岩后形成鲕粒灰岩（图3-55）。已固结或弱固结的碳酸钙被波浪冲碎并搓成扁长形团块，胶结成岩后，形成竹叶状灰岩（图3-56）。

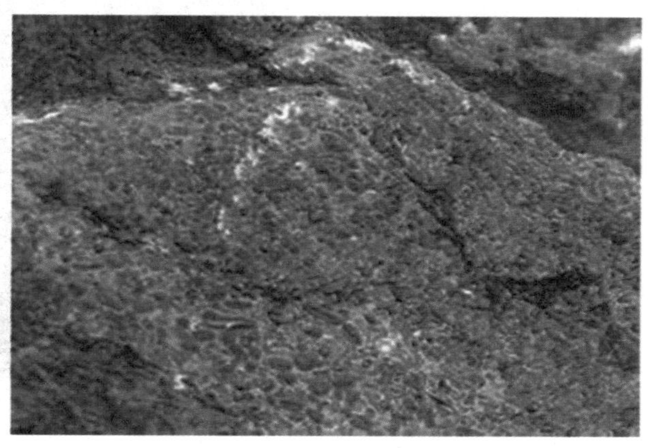

图3-55　鲕粒灰岩

图3-56　竹叶状灰岩

（3）浅海的生物沉积

浅海地带生活着大量底栖生物，当它们死亡后，生物的壳体与灰泥混杂沉积，可形成介壳石灰岩；生物壳体或骨骼的碎片可以与其他沉积物混杂形成生物碎屑岩。生物礁是指在海底原地增殖、营群体生活的生物，如珊瑚、苔藓虫和层孔虫等的骨骼、外壳以及某些沉积物在海底形成的隆起状堆积体。珊瑚礁（图3–57）在浅海沉积中有特殊意义，珊瑚虫对生活环境有较严格的选择，只能生活在20℃左右的海水中，并且要求水质清澈、盐度正常，水深不超过20 m，水流通畅而不激烈动荡。在这种环境中，珊瑚虫不断繁生，其骨骼逐渐堆积成礁。如果珊瑚环绕岛的岸边生长，形成岸礁；如果珊瑚礁平行海岸分布，与岸间有一个较宽的水道，则成为堡礁；若珊瑚围绕海底隆起的边缘生长，则形成环状的礁体，称为环礁。图3–58所示为基里巴斯环礁。

3.半深海及深海的沉积作用

半深海是从浅海向广阔深海的过渡地带，水深一般在200～2 000 m之间，在海底地形上相当于大陆坡的位置，通常地形坡度较陡。深海是水深大于2 000 m的

图3–57　珊瑚礁

图3–58　基里巴斯环礁

广大海域，其海底地形主要包括大陆基、大洋盆地及海沟等。

半深海及深海离大陆较远，一般来说，粗粒物质很难到达这里，只有浊流、冰川和风以及火山作用能产生较粗的物质沉积。浊流所悬浮和挟带的大量物质，在进入大陆坡脚和深海盆地时，因搬运能力剧减发生堆积，所形成的沉积物叫浊积物。由浊积物构成的扇状地形叫深海扇。扇体的沉积厚度较大，向深海平原厚度减小。浊积物主要由黏土和沙组成，还有砾石、岩块、生物碎屑等。

——地学知识窗——

浊　流

由悬浮沉积物扩散引起的一种含有大量泥沙，在重力作用下沿着盆地底部流动，形成的水下沉积物重力流或水下密度底流。两种不同密度流体的密度差异，是产生浊流的根本原因。

半深海中的沉积物具有世界共同的特点，即都是一些胶状软泥，其成分大体相似。这些软泥根据颜色的差异有蓝色软泥、绿色软泥、红色软泥等。深海是海洋的主体，但沉积速度较低。化学沉积作用形成了锰结核、多金属软泥等。锰结核又称锰团块、锰矿球等，它由水针铁矿、钠水锰矿和钡镁锰矿等矿物组成。锰结核主要为黑褐色，含铁多时呈红褐色。结核大小不一，一般为0.5～25 cm，个别大于1 m。锰结核都具有一个碎屑核心，铁、锰矿物以同心圆状包在核外，这些核心可以是火山玻璃、生物骨屑或浮冰岩屑等。锰结核主要分布于水深4 000～6 000 m的深海底，以太平洋深海底为最多。

半深海及深海的生物沉积主要是一些生物软泥，尤其是深海区分布较广，它是深海沉积的重要部分。大量的浮游生物死亡后堆积，与泥质沉积物混在一起形成生物组分超过50%的软泥。生物软泥据其成分和生物碎屑的种类，分为以碳酸钙为主的钙质软泥和以硅质为主的硅质软泥。前者包括抱球虫软泥和翼足类软泥，后者包括硅藻软泥和放射虫软泥。

成岩作用

由松散的沉积物转变为沉积岩的过程称为成岩作用。各种沉积物一般原来都是松散的，在漫长的地质时期中，沉积物逐层堆积，较新的沉积物覆盖在较老的之上，沉积物逐渐加厚。被深埋的早期沉积物，由于上覆沉积物的压力，下部的沉积物逐渐被压实；同时由于孔隙水的溶解、沉淀作用，使颗粒互相胶结；而且部分颗粒发生重结晶，最后，松散的沉积物固结成为坚硬的岩石。

成岩作用的主要方式有三种：即压实作用、胶结作用和重结晶作用。如图3–59所示。

一、压实作用

压实作用是指沉积物在上覆水体和沉积物的负荷压力下，水分排出、孔隙度降低及体积缩小的过程。随着孔隙度降低，相应地将引起沉积层的渗透率降低、颗粒间的连接力增大、抗侵蚀能力增强。任何沉积物转变为沉积岩都经受了压实作用。通常，随着埋深增大，孔隙度趋于减小，沙粒在沉积时排列就比较紧密，

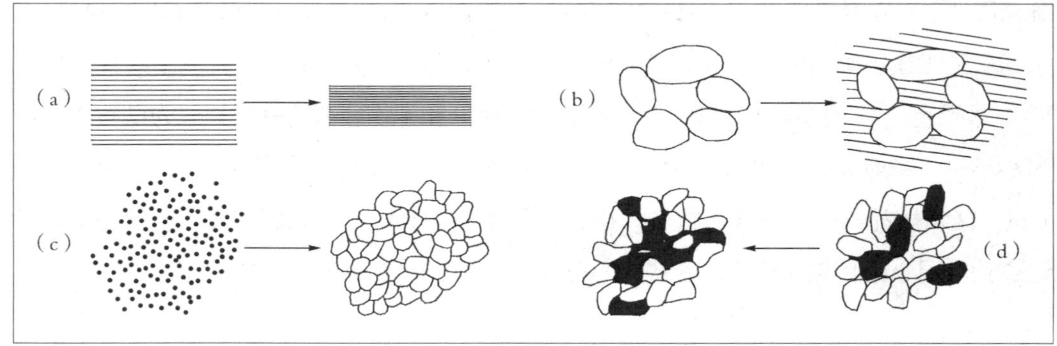

图3–59 固结成岩作用的几种途径
(a)压实作用；(b)胶结作用；(c)重结晶作用；(d)新矿物生长

因此，即使埋藏很深，压实量也不会很大。颗粒状的碳酸盐沉积物与沙沉积类似，压实作用通常也不显著。而软泥状的碳酸盐沉积与黏土沉积一样，会受到强烈的压实。新沉积的黏土孔隙度可达80%以上，含水量达80%～90%。瑞士楚格湖现代沉积黏土，在表面的沉积物含水量为83.6%，孔隙度达92%；当上覆沉积物约3.6 m厚时，含水量减至70.6%，孔隙度降至85%。由黏土固结成页岩，孔隙度可减少为20%。软泥经压实作用就可形成泥岩。软泥被埋藏后不断排出孔隙水，到埋深1～1.5 km时，含水量仅剩约30%，这时已成为泥岩。

二、胶结作用

胶结作用是指从孔隙溶液中沉淀出的矿物质（即胶结物）将松散的沉积物黏结成为沉积岩的过程。对于砾、沙和粉沙等碎屑沉积物，压实作用只能引起孔隙度降低和强度增加，但不能使其固结成岩，必须通过沉淀在颗粒孔隙内的化学或生物化学成因的矿物质的胶结作用，才能固结成岩。胶结物可以充填于岩石的部分空隙，也可以填满全部空隙。

胶结物的矿物成分种类很多，常见的有钙质（$CaCO_3$）、硅质（SiO_2）及铁质（Fe_2O_3）等。钙质和硅质胶结物的来源是多种多样的，有的是从与沉积环境有关的同生饱和溶液中沉淀的，也有在成岩过程中由沉积物中各种物质的溶解（包括生物骨壳和矿物颗粒的溶解）形成的饱和溶液中再沉淀的，还有由沉积物埋藏后从外部带入的流经沉积物的饱和溶液中沉淀的。如果沉积物的孔隙是封闭的，那么由过饱和的孔隙溶液中能沉淀的物质是很少量的。假定要把一个单位体积的孔隙用方解石胶结物来填满，就需要5 400个单位体积的过饱和溶液。因此，形成充填孔隙的胶结物必须在沉积物中保持长期水循环并且有过饱和溶液的稳定供给。铁质胶结物主要是赤铁矿，其形成方式一种是沉积物中的非晶质氢氧化铁在成岩过程中转变为晶质的赤铁矿；另一种是含铁矿物如角闪石、黑云母等，在成岩过程中受到含氧孔隙水的分解而形成的。

砾岩、沙岩和粉沙岩等粗碎屑岩的形成主要靠胶结作用。对于碳酸盐沉积物，往往在还没有被埋藏时就已经发生强烈的胶结作用。

三、重结晶作用

重结晶作用是指在压力增大、温度升高的情况下，沉积物中的矿物组分部分发生溶解和再结晶，使非晶质变为结晶质，细粒晶变为粗粒晶，从而使沉积物固结成岩的过程。如细晶方解石转变为粗晶方解石，隐晶或微晶高岭石转变为鳞片状结晶高岭石。沉积物中的胶结物发生重结晶作用后，可以形成颗粒细小的矿物，使颗粒间胶结得更紧，岩石变得更坚硬。重结晶前后，矿物的晶形、大小和排列方式发生改变，但化学成分不变。

重结晶作用的强弱与矿物成分、颗粒大小等因素有关。易溶的矿物成分（如碳酸盐类）比较容易发生重结晶作用。一般颗粒越小，越容易被溶解，被溶解的成分容易沿较大颗粒重新结晶，从而使大颗粒的矿物增多、增大。碳酸钙很容易重结晶而变成较粗大的方解石晶体。重结晶作用在化学岩、生物岩及生物化学岩的形成过程中起着重要的作用。

Part 4 地质作用的结果

地质作用可雕塑地貌、可形成矿产，也可以导致地质灾害。内动力作用使地表起伏增加，外动力作用使地表起伏降低。地貌是外动力和内动力共同作用的结果。内力地质作用可形成内生矿床，外力地质作用可形成外生矿床。

地质作用雕塑地貌

地貌又称地形，是地表外貌各种形态的总称。它是内动力地质作用和外动力地质作用对地壳作用的产物。按其形态可分为山地、丘陵、高原、平原、盆地等地貌单元；按其成因可分为构造地貌、侵蚀地貌、堆积地貌、气候地貌等类型；按动力作用的性质可分为河流地貌、湖泊地貌、冰川地貌、岩溶地貌、海岸地貌、干旱地貌、黄土地貌、风成地貌、重力地貌等类型。

一、地貌的成因

根据对地貌的许多直观认识，戴维斯首次把地貌的成因归纳为三大因素：地质结构（岩石与地质构造）、营力和发育阶段（时间和阶段）。用他的原话来说，就是“地形是构造、作用和时间的函数”。由此可知，岩性不同、地质构造不同、作用营力不同、经受作用的时间长度或发育所处的阶段不同，都会导致地貌形态不同。反过来说，地貌形态的差别，可从岩性、构造、营力、历史或阶段等方面得到解释，或找出原因。这个三要素说的提出，明确了地貌形成的内因是岩石与构造，外因是营力，以及其形成过程需要一定的时间和必然经过不同的阶段。

1.地貌形成的物质基础

地貌形成的物质基础是地质构造和岩石。

（1）地质构造

地质构造既能直接形成地貌，也能影响地貌的形成和形态。由地质构造直接形成或直接影响的地貌称为构造地貌，如断层崖、向斜谷等。影响地貌形成的地质构造主要包括地层产状、褶皱和断裂。

①地层产状主要影响地貌的形态，尤其是地形面坡度的变化。水平岩层形成

塔状山丘，山坡的坡度陡缓相间变化；缓倾斜的地层形成一侧山坡缓、另一侧山坡陡的单面山；随着地层倾角增大，地形的坡度变陡，如果地层中夹有坚硬的岩层，可形成猪背岭。

②褶皱的类型影响或控制地貌的形成。在背斜的形成过程中，其轴部处于拉张状态形成一系列断裂和节理，因此，沿轴部经侵蚀作用常形成谷地。沿向斜的轴部多形成山，但也可以形成谷地，相对比较少。

③断裂构造造成岩石破碎，形成软弱带，使岩石的抗风化和侵蚀能力降低，常形成沟谷地貌。多条正断层的组合构成地堑和地垒，在地貌上形成谷地或山地。另外，断裂构造直接形成地貌，如断层面形成悬崖峭壁，如云南滇池西山、华山、武当山等的一些陡崖。

从区域地貌来看，地质构造控制了地貌单元的分布格局，如山脉、盆地、谷地等的走向都是受地质构造控制的。中国的几大山脉，如秦岭、祁连山、昆仑山、横断山、太行山等都是沿着构造带（造山带）发育的。

（2）岩石

岩石性质对地貌的影响，实质上就是指岩石对来自外界的物理作用和化学作用的反映。通常在地貌研究中所说的岩性的坚硬和软弱，或者岩石抵抗侵蚀能力的强和弱，就是这种影响程度的表现。一般来说，砂岩、石英岩、玄武岩、砾岩等属于坚硬岩石，泥岩、页岩等属于软弱岩石。在一定的区域范围内，外力作用条件基本相似，不同性质的岩石反映在地貌形态上常有明显差异，这是由于岩性所引起的差别风化和差别侵蚀的结果。除了某些地质构造原因外，坚硬岩石通常表现为突出的正向地貌（山地、丘陵等），相对软弱岩石出露之处，地貌上形成负向地貌（谷地、盆地等）。岩性对地貌的影响，在那些经历了长时期剥蚀的地区表现最明显。

岩性对地貌形态的影响程度取决于一系列因素，是一个十分复杂的问题。岩石坚硬和软弱，抗侵蚀能力的大小都只是一个相对概念，它与岩石所处的自然环境有很大关系。明显的例子是花岗岩，在长期侵蚀过程中，分布在我国北方的花岗岩常呈高大险峻的山地（如华山、泰山、黄山等），而在华南地区则成馒头状丘陵；前者地形起伏明显，后者地势变化和缓。分析其原因，与两地自然条件有关。在华南湿热气候下，花岗岩的矿物组成中，长石是最不稳定的，易风化转变为质地软弱的黏土矿物。花岗岩通常具有沿三个方向发育的立方节理，风化作用可沿立方节理深入岩体内部，使之迅速解体，破坏了花岗岩的坚固性，经长期侵蚀形成圆形和缓起伏的丘陵。又如石灰岩在湿热气候条件下，易于受溶蚀侵蚀，表现为软岩层；而在干旱气候条件下，则表现为硬岩层特性。

2.地貌形成的动力因素

地貌形成的动力因素可分为内动力和外动力两部分，这两种动力在地貌形成上所产生的影响不同。内动力主要包括构造运动和火山作用，而外动力比较复杂，地球表层的运动介质都可成为地貌形成的外动力，如流水、风、冰川等。

（1）内动力

构造运动是地貌形成最为重要的动力，是地貌形成的初始动力来源，可以说控制了从巨型地貌到小型地貌的形成和发展。水平运动导致山脉的形成，也可造成一些小型地貌的变化，如河流、山脊、洪积扇、阶地等的水平位移。垂直运动对面状地貌或台阶状地貌形成影响比较明显，如构造运动间歇性上升，就能形成阶地、夷平面等地貌。构造运动不仅使海陆格局发生变化，而且也可使地形起伏发生变化，从而引起地表的外动力条件的改变。

火山作用直接形成火山地貌，如火山锥、熔岩平原、熔岩高原、火山口等；在海底，形成海山、平顶山、大洋中脊等。

（2）外动力

地貌形成的外动力，按照地质营力的特点可分为地面流水、地下水、冰

——地学知识窗——

阶　地

一般指河流阶地，由于河流的侵蚀和堆积作用形成沿河谷两岸伸展，高出洪水期水位的阶梯状地形。除河流阶地外，还有海蚀阶地，又叫“浪蚀阶地”，是由于海水面升降变化而出露于水上或淹没于水下的阶状平台。出露于水上的阶地，称水上阶地；淹没于水下的阶地，称水下阶地。它们都是在不同时期的海水作用下侵蚀形成的。

表4-1 外动力作用及其形成的地貌

外动力分类	动力介质	主要地貌类型
地面流水作用	片流、洪流、河流	石芽、溶沟、冲沟、河谷、坡积裙、洪积扇、河漫滩、阶地、三角洲等
地下水作用	包气带水、潜水、承压水	石林、峰丛、峰林、落水洞、岩溶盆地等
冰川作用	冰川	冰斗、角峰、刃脊、冰蚀谷、羊背石、终碛堤、鼓丘等
湖泊作用	湖水	湖积阶地、湖蚀阶地、湖岸堤、湖蚀崖、湖蚀柱等
海洋作用	海水	海积阶地、海蚀阶地、海蚀凹槽、海蚀崖、海蚀柱、浊积扇等
风力作用	气流、风沙流	沙丘、纵向沙垄、横向沙垄、岩漠、砾漠、沙漠、黄土等

川、湖泊、海洋、风等，它们可形成各种外力地貌。见表4-1。

在地貌的形成发展过程中，除了内、外力两类主要动力外，人类活动在现代技术社会里已成为一种重要的地貌营力，能产生许多新的人工（为）地貌，如堤坝、人工湖、护岸工程、城镇建筑群等，也能夷平、破坏一些地貌。

3.影响地貌形成发展的时间因素

内、外力作用的时间也是引起地貌差异的重要原因之一。其他条件相同，但作用时间长短不同，则所形成的地貌形态也有区别，显示出地貌发育的阶段性。例如，急剧上升运动减弱初期出现的高原，外力作用虽然强烈，但保存了大片高原地面。随着时间的推移，高原在外力侵蚀下，破坏殆尽，成为崎岖的山区，再进一步发展，则可转化为起伏和缓的丘陵。

二、地质作用与地貌塑造

地表的形态是外动力和内动力共同作用的结果，但这两者在改造地表形态的趋势上是不同的。内动力作用的总趋势是使地表起伏增加；而外动力却相反，使地表起伏降低，即削高填低。一般内力作用越强外力作用随之增强，但在不同规模的地貌的形成发展中，内、外动力所起的作用不同。内动力对形成巨、大型地貌具有重要控制作用，而外动力在形成中小型地貌中起的作用比较大。内动力与外动力这一对矛盾的统一体，相互作用共同推动地表形态的发展和演化。

1.内力地质作用控制了巨、大型地貌的形成

地球上的大陆和大洋是两个最大的对立的地貌单元，大陆是在海平面之上的正地貌，大洋是低于海平面的负地貌，它们不仅形态不同，而且地貌结构也有本质差别。大陆与海洋，大的内海及大的山系都是巨型地貌。巨型地貌几乎完全是内力作用形成的，所以又被称为大地构造地貌。根据板块学说提供的资料，它们的形成发展始于中生代初，是全球性岩石圈运动的结果。大陆和洋盆中的山地平原等主要的大型地貌的成因主要取决于其大地构造基础、新生代和新构造运动与外力作用之间的对比关系。

位于我国西南边界处、青藏高原南部边缘的喜马拉雅山脉是目前世界上最高的山脉，其平均海拔高度超过6 000 m，主峰珠穆朗玛峰（图4-1）位于中国和尼泊尔两国边界上，是世界最高点。喜马拉雅山是印度洋板块和欧亚板块挤压抬升形成的，是地球上最年轻的山。在此过程中起主要作用的就是地球的内动力。

中生代时，青藏高原地区曾经被浩瀚的古地中海所覆盖。古近纪早期（距今约6 500万年前），南方来的印度洋板块向北，与亚欧板块相撞，碰到了一起。两者的相互挤压，使这里的地壳开始向上抬升，海水逐渐向西退去。海洋逐渐消失，陆地逐渐形成。岁月如梭，两个板块的相互挤压和碰撞虽然缓慢，但却持续不断地进行着。到了古近纪晚期（距今约300万年前），发生了地质历史上的一次较大规模的地壳运动，叫作喜马拉雅运动。印度洋板块从雅鲁藏布江一线附近处向亚欧板块下俯冲。在此过程中，强大的挤压作用使亚欧板块一侧发生较大面积的整体抬升，大致就形成了今天我们所看到的“世界屋脊”——青藏高原。高原上部的岩层在挤压力的作用下，弯曲、重叠，向上隆起，形成了高大的喜马拉雅山脉及其他高原上众多的山脉。1964年，我国的登山队员在喜马拉雅山脉希夏邦马峰

图4-1　珠穆朗玛峰

山麓海拔4 300 m的地方，发现了身长超过10 m、世界上最大的鱼龙化石。这证明，今天白雪皑皑、雄伟多姿的喜马拉雅山一带，曾经是东西横亘、波涛万顷的古地中海的一部分。

华北平原的形成可以追溯到一亿三千多万年以前的燕山运动时期，那时北方地区曾发生一次强烈的地壳运动，形成高耸的太行山。到了距今三千万年前的喜马拉雅运动时，太行山再次抬升，东部地区继续下陷。久而久之，就在山麓东部形成一大片扇面状冲积平原，由于黄河、海河、滦河等水系每年都要挟带大量泥沙，自西而东冲刷和堆积到东部低洼地区，使古冲积扇面积不断向东延伸扩大，最后终于形成了坦荡辽阔的华北平原（图4-2）。

2.外力地质作用雕塑了中小型地貌的形态

中型地貌是大型地貌的一部分，常常是观察研究的对象。山岭和谷地（图4-3、图4-4）是山地的主要次级形态，主要由外力作用形成，但岩性、构造影响明显。山岭受地质构造影响明显，水平岩层常形成塔状山、桌状山和方山。单斜岩层倾角小于30° 时形成顺向坡缓和

图4-2　华北平原航拍

图4-3　山岭

图4-4　越南北山谷地

逆向坡陡的单面山；倾角大于30°且夹有抗蚀性高的夹层时形成“猪背岭”。断层和构造软弱带有利于沟谷的形成和发展。平原区的河谷地带和河间地区与平原中形成时代和成因不同的部分都属于平原的次级形态，它的形成与河流的地质作用密切相关。

小型地貌主要是各种外力作用形成的，如风成地貌、河流地貌、冰川地貌、喀斯特地貌等。如图4-5、图4-6、图4-7、图4-8所示。也有一部分是内力作用形成的，如活动断层崖、地震裂缝和火山等。

图4-5　风成地貌

图4-6　河流地貌

图4-7　冰川地貌

图4-8　喀斯特地貌

地质作用可以形成矿产

成矿作用，即是在地球演化过程中，使分散在地壳和上地幔的化学元素，在一定的地质环境中相对富集而形成矿床的作用。成矿作用是地质作用的一部分，按作用的性质和能量来源，可划分为内生成矿作用、外生成矿作用。内生成矿作用主要是指在地球内部热能的影响下形成矿床的各种地质作用。外生成矿作用主要是指在太阳能的影响下，在岩石圈上部、水圈、大气圈和生物圈的相互作用过程中，导致在地壳表层形成矿床的各种地质作用。

一、内力地质作用可形成内生矿床

1.岩浆作用与岩浆矿床

岩浆在其冷凝过程中，不仅熔浆可以直接分异结晶成矿，其中分离出来的含矿热液也可以成矿。岩浆成矿作用分为岩浆结晶分异成矿作用、岩浆熔离成矿作用、岩浆爆发成矿作用和岩浆凝结成矿作用。

（1）岩浆结晶分异作用与岩浆分结矿床

岩浆是一种成分复杂的物理化学系统，一般由硅酸盐、重金属和一些挥发组分组成。岩浆在冷凝过程中，各种组分将按照一定的顺序先后结晶出来，并导致液相的成分改变。这种结晶顺序一般是按照矿物的晶格能、键性和生成热降低的方向进行的。矿物按顺序进行结晶，并在重力和动力影响下发生分异和聚集的过程，称为结晶分异作用。图4-9所示为铬铁矿层成因模式。

岩浆结晶分异时，有用矿物的晶出有两种情况：

第一，在岩浆结晶过程中，一些有用矿物，如自然铂钛铁矿、铬铁矿和稀土元素矿物等较早地从熔浆中结晶出来，与其同时结晶或稍晚结晶的是硅酸盐矿物，

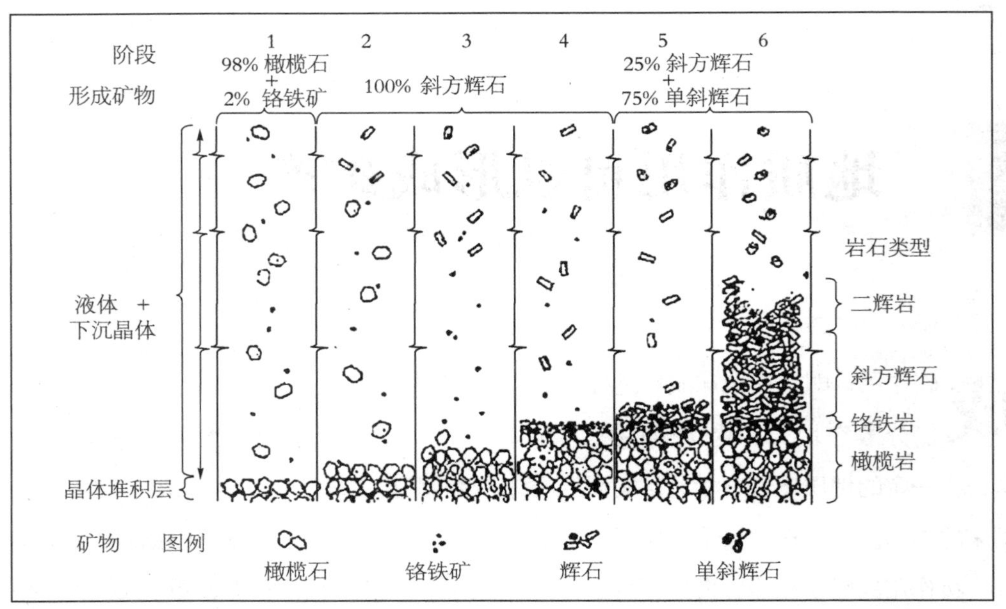

图4-9 铬铁矿层成因模式示意图

如橄榄石、辉石和基性斜长石等。这些矿物在重力作用以及岩浆内部的对流作用的影响下，比重大的往下沉，比重小的往上浮。因而就在岩浆的下部或底部形成了暗色硅酸盐矿物和有用矿物的富集带，这就像机械沉积分异作用一样，发生了轻重矿物的分离和聚集。

第二，在岩浆的结晶分异过程中，有用矿物较晚地从岩浆中结晶出来。当岩浆中挥发组分含量较大，岩浆中的成矿元素与挥发组分结合形成易溶的化合物，大大降低了自身的结晶温度，它们在岩浆熔融体中一直残留到主要硅酸盐矿物结晶之后。同时，在部分熔离作用的配合下，逐渐在岩体内形成富含成矿物质的熔浆或矿浆，并且最后从岩浆中结晶出来，一般充填在早期结晶的硅酸盐矿物颗粒之间。有时含矿熔浆在外力作用下以及由残余挥发份造成的内应力的影响下，它们就被贯入到已冷凝的侵入体的裂隙中，甚至离开母岩体而贯入到附近的围岩中去。这样形成的矿体，往往为品位较高的富矿体。

（2）岩浆熔离作用与岩浆熔离矿床

岩浆熔离作用也称液态分离作用，是指在较高温度下的一种均匀的岩浆熔融体，当温度和压力下降时，分离成两种或两种以上不混熔的熔融体的作用。岩浆熔离作用可以使有用组分高度富集于某个或某几个分熔的熔体相中，是一种非常有效的成矿作用。

熔离成矿作用在铜镍硫化物矿床中表现最明显。温度在1 500℃以上的镁铁质岩浆，当其富含挥发性组分时，可溶解一定数量的金属硫化物。随着温度、压力降低和熔体中挥发性组分外逸及其与围岩的同化作用而使熔体中SiO_2、Al_2O_3和CaO增加，岩浆中金属硫化物的溶解度便开始降低，从而发生熔离作用。熔离作用初期，金属硫化物呈微滴状悬浮在硅酸盐熔体中，随着岩浆的进一步熔离而逐渐汇合、变大，并由于其比重较大而逐渐下沉，在岩浆槽的底部形成熔融的金属硫化物层，于是，均一的岩浆熔体就分离成硅酸盐熔体和金属硫化物熔体两部分。随着温度继续下降，两种熔体先后结晶。金属硫化物的结晶温度较低，它们在硅酸盐完全结晶后，形成了岩浆熔离矿床。由这种方式所形成的岩浆熔离矿床往往分布于岩体的底部和边部，呈似层状，构成所谓的底部或边部矿体；当硫化物熔体的汇合过程不完全，重力下沉不彻底而使其停留在岩浆房中部或上部时，经后期结晶成矿可形成透镜状的上悬矿体；在动力学条件较强时，硫化物矿浆也可向上或向旁侧围岩贯入，形成贯入式脉状矿体（图4-10）。

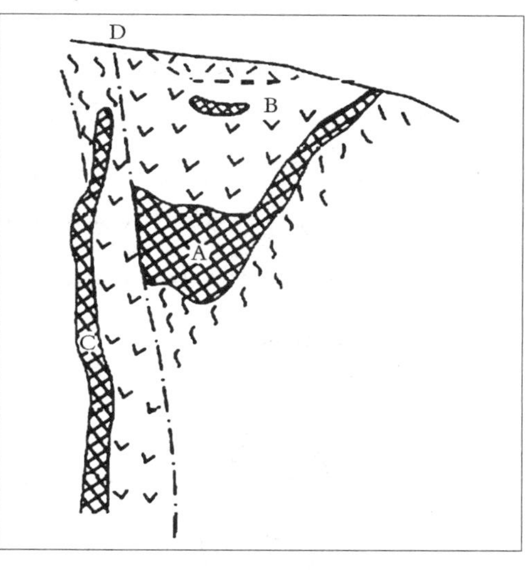

图4-10 吉林红旗岭铜镍硫化物矿床Ⅰ号岩体剖面示意图（姚凤良，1981）

A—层状底部矿体；B—透镜状上悬矿体；C—脉状贯入矿体；D—断层

（3）岩浆爆发作用和岩浆爆发矿床

有些岩浆矿床的矿石矿物是在地下深处很高的温度和压力下结晶，例如天然金刚石的形成是在较高的温度和很大的压力下，约在深200～300 km处结晶而成的。当金伯利岩岩浆在地下深处进行正常的结晶分异作用时，往往开始晶出橄榄石和少量铝镁铬铁矿、镁铝榴石、金刚石等。当岩浆沿深断裂向上运移，若和碳质围岩发生一定程度的混染，可促进金刚石晶体的成长。当岩浆上升至近地表2～3 km处时，温度下降和挥发组分的大量析出使内压增大，当上覆围岩无力阻挡岩浆上冲时，岩浆便发生猛烈的爆发作用。此时，岩浆和挥发性组分携带已结晶的金刚石、橄榄石和围岩捕虏体等形成爆破岩筒。金刚石矿床就是通过多次爆发作用使金刚石被携带并富集于地表喷出岩和爆破岩筒中（图4–11）。

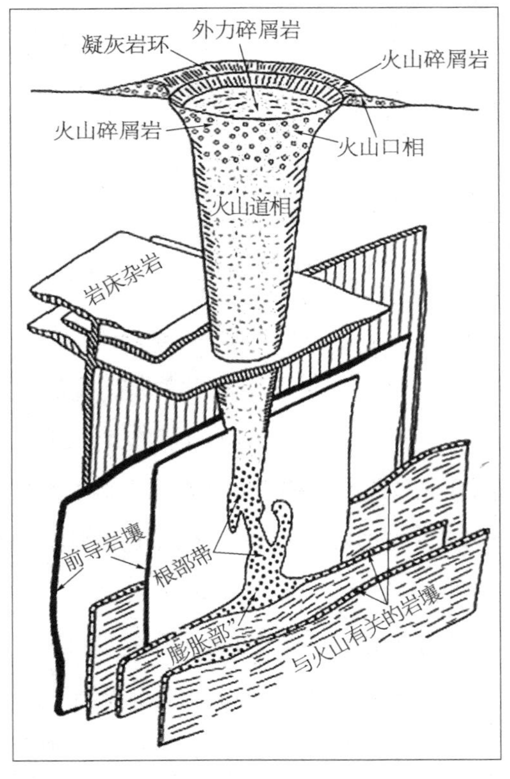

图4–11　金伯利岩型金刚石原生矿模式示意图
（据R.H.米切尔，1987）

（4）岩浆凝结成矿作用和岩浆凝结矿床

岩浆凝结成矿作用是指具有某种成分的岩浆在特定的条件下快速冷凝或结晶而形成矿床，也包括正常的岩浆岩被保存未遭后来地质作用破坏而形成具有经济价值的矿床的作用。岩浆凝结矿床是指通过固结和结晶作用形成的矿床，以及通常组分的岩浆在特定条件下凝结并保持良好物理性能所形成的矿床，如花岗岩石材矿。

2.火山作用与火山成因矿床

火山成矿作用和岩浆侵入作用、沉积作用及变质作用均有密切联系。在火山成矿作用中，携带成矿物质的介质可以是岩浆，也可以是喷气和热液，其中火山热液是最活跃、最积极的因素。火山热液的析出和集中又决定于岩浆性质和它所处的地质构造条件。火山热液在运移过程中可与围岩发生物质成分的交换，引起围岩蚀变，也可与地下水、海水，地表水混合，引起热液性质的改变。

根据主要的成矿作用，将火山成因矿床分为：火山–岩浆成矿作用–火山岩浆矿床、火山–次火山气液成矿作用–火山气液矿床、火山–沉积成矿作用–火山沉积矿床。

火山岩浆矿床主要是指岩浆在深部经分异作用形成富集某种成矿物质的特殊熔浆，然后经火山喷发作用将含矿熔浆带至地表或火山颈中冷凝而形成的矿床。例如富铁熔浆喷溢至地表而形成的铁矿床。

在火山喷发作用的晚期或间隙期，火山喷气和热液活动非常强烈。这些喷气和热液，通常含有大量重金属化合物。在一定地质条件和物理化学条件下，这些含重金属的气液和围岩（或海水）或气液之间发生复杂的相互作用，促使有用组分的聚集和沉淀，形成火山喷气热液矿床。这类矿床不仅包括了火山喷气矿床及火山热液矿床，还包括与浅成、超浅成的次火山岩有密切成因联系的热液矿床，它们具有重要的经济意义。

火山喷出物中经常含有大量成矿物质，它们一旦进入水盆地后，即与海水、湖水以及其中的非矿质组分发生作用并沉淀下来，构成火山-沉积作用。由火山沉积作用形成的矿床称为火山-沉积矿床。也就是，火山-沉积矿床的成矿物质来源于火山喷发物，而其成矿作用主要是在外生沉积作用过程中发生的。因此，它除了具有一般沉积矿床的特点外，还有自己独特的方面。

3.变质作用与变质矿床

（1）主要变质成矿作用

根据变质矿床形成时的地质环境和条件，变质成矿作用可分为接触变质成矿作用、区域变质成矿作用和混合岩化成矿作用三类。

接触变质成矿作用主要是由于岩浆侵位而引起围岩温度增高所产生的变质作用，而压力对其影响较小，因此也称为岩浆热变质作用。成矿作用主要是重结晶作用和重组合作用。例如煤变成石墨，石灰岩变成大理岩，高铝质页岩变成红柱石等高铝矿物。接触变质成矿作用过程中几乎没有外来物质的加入和原有物质的带出，挥发分的影响也很微弱，在某种情况下，局部地段可发生一定的交代作用。在交代作用比较剧烈时，接触变质成矿作用就过渡为接触交代成矿作用，形成矽卡岩型矿床。

区域变质成矿作用是指在地壳深部地质作用过程中，由于区域性温度、压力升高和岩浆作用等，使原岩或原生矿床中的成矿组分聚集或改造形成矿床的作用。由此形成的矿床称为区域变质矿床。区域变质成矿作用主要发生在前寒武纪古老的地盾或地台区，少数发生在后期造山带。区域变质矿床分布广泛，矿种繁多，规模一般较大，具有重要的工业价值，主要矿产有铁、金、铜、铀以及磷、菱镁矿、石墨和石棉等。

在区域变质作用的基础上，由于深部上升的流体作用，原岩在地壳深处重熔成熔浆，这些流体和熔浆又渗透到变质岩中，以交代方式带入K、Na和Si等组分，带出Fe、Mg、Ca等组分，使变质岩的矿物成分和化学成分不断地发生变化，最终向接近花岗质岩石的方向发展。这种由变质作用向岩浆作用转化的过程称为混合岩化作用。混合岩化过程中，强烈的交代作用可使一部分成矿物质发生迁移和富集，从而形成混合岩化矿床。

（2）变质矿床的特征

变质矿床的矿物成分和化学成分与原来的岩石或矿石相比，产生了显著的变化。变质矿床的矿物成分常见的有如下几种：一是自然元素类，如石墨（图4-12）、自然金等；二是氧化物类，如磁铁矿（图4-13）、赤铁矿、金红石等；三是含氧盐类，如磷灰石、菱铁矿、菱镁矿等；四是硅酸盐类，如红柱石、矽线石、蓝晶石、石榴子石、滑石、蛇纹石、叶蜡石、绿泥石、蛭石等。此外，在某些变质的沉积型和火山-沉积型矿床中，还大量地出现铜、铅、锌等金属硫化物。

由于变质作用的影响，岩石和矿石的结构构造也发生一系列的变化。在浅变质时，由于矿物的定向排列，产生千枚状构造和板状构造：矿物重结晶不显著，结晶细小，通常为隐晶结构。变质较深时，特别是动力作用显著时，由于定向压力的影响，产生劈理及破碎现象，常见到片状构造、片麻状构造，以致片理面发

图4-12　石墨矿矿石

图4-13　磁铁矿矿石

——地学知识窗——

变晶结构

变晶结构是指变质作用过程中，原来岩石基本上在固态条件下，由重结晶作用形成的结晶质结构。根据组成矿物的相对大小，可以把变晶结构分为等粒变晶结构、不等粒变晶结构、斑状变晶结构等；根据矿物的形态，又可分为粒状变晶结构、鳞片变晶结构、纤状变晶结构等；根据矿物彼此间的关系，又可分为包含变晶结构和残缕结构等。

生小褶皱而形成皱纹构造，岩石破碎时则形成角砾状构造。较常见的结构为各种变晶结构，如花岗变晶结构、斑状变晶结构、鳞片变晶结构、纤维变晶结构等，同时还保留各种残余结构。

二、外力地质作用可形成外生矿床

1.风化作用与风化矿床

地壳表层的岩石和矿石在太阳能、大气、水和生物等地质外营力的作用下，发生物理、化学以及生物化学变化，并使有用物质原地聚集形成矿床的地质作用叫风化成矿作用，由这种作用形成的矿床称为风化矿床。根据其形成作用和地质特征，风化矿床可以分为残坡积矿床、残余矿床及淋积矿床三类。

（1）残坡积矿床

原生矿床或岩石遭受风化作用，其中未被分解的重砂矿物或岩石碎屑残留在原地形成的矿床，称为残积矿床。在某些条件下，残积物由于剥蚀作用和重力作用的影响，渐渐地沿斜坡向下移动一定距离后，在斜坡的某些部位堆积下来成为矿床，这种矿床称为坡积矿床。残积矿床和坡积矿床的关系十分密切，二者通常呈过渡关系，难以截然分开，故也可统称为残坡积矿床。这类矿床的形成以物理风化为主，所以在原地残余或位移距离不大，碎屑一般均具有明显的棱角，甚至保留原来矿物的晶形外貌，无分选性或分选性差，也无明显的层理。残坡积矿床不仅本身具有工业价值，而且是寻找原生矿床的可靠标志。例如我国南岭地区的许多钨、锡矿床，就是在发现残坡积砂矿之后才进一步找到原生矿床的。

残坡积矿床种类不多，分布也有限，但有些较为重要，主要有金、钨、锡、铌、铁、铝土、钽和水晶等的残积、坡积物。

（2）残余矿床

原生矿床或岩石经化学风化作用和生物风化作用后，形成的一些难溶的表生矿物残留在原地表部，其中有用组分达到工业要求时形成的矿床称为残余矿床。残余矿床形成的条件是温暖或炎热的潮湿气候、准平原化的高原地形和持久的风化时间。矿床一般呈面型分布，也有呈线型分布的。这类矿床在垂直剖面上往往具有分带现象，并与母岩呈过渡关系。

残余矿床在风化矿床中占有重要的地位，主要矿产有黏土（高岭土、蒙脱土）、铁、锰和铝土矿等。

（3）淋积矿床

当地表岩石或矿床受化学风化作用分解时，那些易溶于水的组分中的一部分被带入潜水活动区，成为稀薄的含矿溶液。由于介质性质的改变或与周围的岩石发生交代作用，便可使有用物质发生沉淀而形成矿床，即淋积矿床。淋积矿床的矿体形状多呈不规则的似层状，其次为囊状、巢状等。矿石常具网脉状、浸染状、粉末状、葡萄状、结核状等构造。

淋积型的镍、钴、钒、钠、铁、锰、铀等矿床具有较大的工业价值。

2.沉积成矿作用与沉积矿床

地表的岩石、矿石等物质，在水、风、冰川、生物等营力的风化作用下破碎、分解、搬运到有利的环境中，经过沉积分异作用形成各类沉积物，当其中有用物质富集到质和量都达到工业开采要求时，便构成了矿床。以这种方式形成的矿床，统称为沉积矿床。

沉积矿床的基本成矿作用为沉积分异作用，依据其形式不同，可以分为机械沉积分异作用、化学沉积分异作用和生物化学沉积分异作用。

（1）机械沉积分异作用

碎屑物质在水，风、冰川等营力搬运和沉积过程中，由于运动速度和搬运能力有规律地减弱，便发生按颗粒大小、形状、密度和矿物成分的差异，而依次沉积的作用称为机械沉积分异作用。机械沉积分异作用对金属与非金属矿物的富集有很大的影响，分异作用进行得愈完善，则碎屑沉积物的分选程度就愈高。由于机械沉积分异作用的结果，形成了砾岩、砂岩、粉砂岩、泥岩等分布最广的岩石，也可在河床、海滩中及其他有利地段富集形成各种重要的砂矿床，如金、铂、锡石、黑钨矿、独居石、金刚石、金红石、刚玉等。

（2）化学沉积分异作用

当成矿物质以胶体溶液或真溶液形式进行迁移时，由于不同元素在同一搬运介质中溶解度各不相同，从而在沉淀过程中产生成矿物质的分异作用，主要包括真溶液化学沉积分异作用和胶体化学沉积分异作用两种。

（3）生物化学沉积分异作用

由生物（包括菌藻类）或生物化学作用促使有机或无机成矿物质沉积分异的过程，统称为生物化学沉积分异作用。生物直接参与沉积成矿作用是指由生物有机体本身或其分泌物，以及死亡后的分解产物直接沉积分异的成矿作用。例如煤层、生物灰岩、硅藻土、生物磷块岩等由生物形成；石油和天然气由生物埋藏降解形成。生物间接参与沉积成矿作用是指在生物有机体分解产物和腐殖酸、H_2S、CH_4、NH_3等的影响下，通过化学作用的方式（包括改变介质的物理化学条件）促使成矿元素分异的作用。

地质作用诱发地质灾害

一、什么是地质灾害

地质灾害是指由于地质作用（自然的、人为的或综合的）使地质环境产生突发的或累进的破坏，并造成人类生命财产损失的现象或事件。人类直接生活和生存在地壳的表面，这里也是地球各圈层相互作用最密切、最强烈和最敏感的部位。地球各圈层在运动变化以及相互作用和影响过程中，将会单独或综合地产生各种地质作用，使地表发生变异。这些变异中有些对人类构成灾害，即地质灾害。地质灾害与气象灾害、生物灾害等一样是自然灾害的一个主要类型，具有突发性、多发性、群发性和渐变影响持久的特点。由于地质灾害往往造成严重的人员伤亡和巨大的经济损失，所以在自然灾害中占有突出的地位。

只有对人类生命财产和生存环境产生影响或破坏的地质事件才是地质灾害。如果某种地质过程仅仅是使地质环境恶化，并没有破坏人类生命财产或影响人类的生产、生活环境，只能称之为灾变。例如，发生在荒无人烟地区的崩塌、滑坡、泥石流，不会造成人类生命财产的损毁，故这类地质事件属于灾变；如果这些崩塌、滑坡、泥石流等地质事件发生在社会经济发达的地区，并造成不同程度的人员伤亡和（或）财产损失，则可称之为灾害。

二、地质作用引发的主要地质灾害

按致灾地质作用的性质和发生处所进行划分，地质作用引起的地质灾害主要有地震、火山喷发、断层错动，崩塌、滑坡、泥石流和地面变形等。

1.地震

地震是一种常见的地质现象，是地壳运动的一种形式。岩石圈物质在地球内动力作用下产生构造活动而发生弹性应变，当应变能量超过岩体强度极限时，就会发生破裂或沿原有的破裂面发生错动滑移，应变能以弹性波的形式突然释放并使地壳振动而发生地震。

地震可使地表产生许多变化。它会毁坏地表建筑物，造成重大人员伤亡，并可诱发出许多附带效应。许多地震灾害的影响并非直接由地震本身，即地球的震动所引起，而是由滞后效应造成的，因而可将地震灾害效应分为以下两类：原生灾害，即震动引起的破坏；次生灾害，即由地震诱发的其他作用，如滑坡、洪水和海啸等。

地震引起的最主要的原生灾害是地面摇动。地面摇动会使建筑物摇晃，造成建筑物部分或全部倒塌以及铁轨扭曲等破坏。同时，地震造成的生命损失和财产破坏的大小取决于多种因素，如地震大小、发生时间、地基稳定性、建筑物的脆弱程度以及人口密度等。

地震引起的主要的次生灾害有火灾、滑坡与崩塌和生态系统破坏。若城市中发生地震，有时它所引起的火灾比地面震动更具毁灭性。大火是由于地震时电线短路，塑料管道和容器破损后触及火苗引起的，加之供水管线的破坏常使得灭火无法有效进行。1906年旧金山地震后，大火连续燃烧了3天，烧毁了508个街区。1923年日本东京地震中死亡的人数超过14万，其中有许多人葬身于熊熊的大火。地震时产生的地面颤动将对岩石土体的结构产生破坏，加大岩石土体的下滑力，使原来不会发生滑坡和崩塌的坡地产生块体运动。例如，1933年8月25日，我国四川省阿坝藏族自治州叠溪镇发生7.5级地震，叠溪城区在剧震发生的几分钟内发生崩塌，叠溪城及其附近的21个羌寨全部覆灭，岷江被堵塞，形成11个堰塞湖，伤亡人数近万人。图4-14所示为2008年5月12日汶川地震时的灾害现场。另外，地震也会导致海啸的发生。

2.火山

火山活动是一种自然现象，当它强烈爆发时威力巨大，在许多情况下，它无法被控制。火山喷发引起的灾害具有多重性，既有熔岩流、有毒气体喷发物的直接影响，也可诱发滑坡、泥流和洪水等其他灾害。

虽然熔浆流动得非常缓慢，但当其侵占到已开发的地区时，会产生巨大的破坏效应。它会掩埋农田，阻塞河流或使其改道，以及吞没建筑物。炽热的火山灰流和火山云从火山上呼啸而下，可以摧毁其

图4-14 汶川地震灾害

山坡，完全破坏城市。在火山喷发时期，最常见的喷出气体是水蒸气，但也有如二氧化硫、一氧化碳、硫化氢和氟化氢这样的危险气体，且在几次事件中它们已夺去过一些人的生命。危险性喷出物也会对植物、动物和财产造成相当大的破坏。来自大气中的细粒火山碎屑状碎块降落物通常都与火山喷发相伴随。在大多数情况下，碎屑和缓慢降落的火山灰及浮石碎片的温度不高，但陷于火山碎屑降落物中的人们会由于有毒烟雾或缺氧而窒息。公元79年维苏威火山的喷发所造成的庞贝城中2 000多人的死亡显然与之有关：喷发出的火山灰和浮石足足把这个城覆盖了4 m厚。堆积在层状火山锥的陡峭山坡上丰富的火山灰及其他松散的喷出岩屑可以形成泥石流。在山谷外的低洼地区，火山灰的堆积通常可导致河流洪水泛滥，尤其是在那些易遭受热带飓风和季雨的国家。如图4–15所示。

3.崩塌

（1）什么是崩塌

崩塌是指陡坡上的岩体或者土体在重力作用下突然脱离山体发生崩落、滚

图4–15 火山灾害

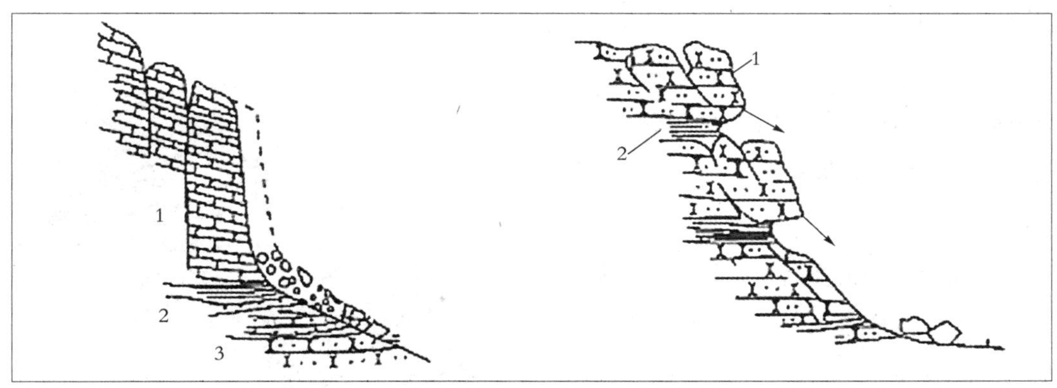

图4-16 崩塌示意图

动，堆积在坡脚或沟谷的地质现象。如图4-16所示。崩塌又称为崩落、垮塌或塌方。大小不等，零乱无序的岩块（土块）呈锥状堆积在坡脚的堆积物称为崩积物，也称为岩堆或倒石堆。

按崩塌体的物质组成可以分为两大类：一是产生在土体中的，称为土崩；二是产生在岩体中的，称为岩崩。当崩塌的规模巨大，涉及山体时，又俗称山崩；当崩塌产生在河流、湖泊或海岸上时，称为岸崩。根据运动形式，崩塌包括倾倒、坠落、垮塌等类型。

（2）形成崩塌的内在条件

①岩土类型。岩土是产生崩塌的物质条件，坚硬的岩石和结构密实的黄土通常容易形成规模较大的岩崩，软弱的岩石及松散土层，往往以坠落和剥落为主。

②地质构造。坡体中的裂隙越发育、越易产生崩塌，与坡体延伸方向近乎平行的陡倾角构造面，最有利于崩塌的形成。

③地形地貌。坡度大于45°的高陡边坡、孤立山嘴或凹形陡坡均为崩塌形成的有利地形。如江、河、湖（岸）、沟的岸坡，山坡、铁路、公路边坡，工程建筑物的边坡等。

岩土类型、地质构造、地形地貌三个条件是形成崩塌的基本条件。

（3）诱发崩塌的外界因素

诱发崩塌的外界因素很多，主要有：

①地震。地震引起坡体晃动，破坏坡体平衡，从而诱发坡体崩塌。

②融雪、降雨。大雨、暴雨和长时间的连续降雨，使地表水渗入坡体，软化

岩土及其中的软弱面，从而诱发崩塌。

③地表冲刷、浸泡。河流等地表水体不断地冲刷坡脚，削弱坡体支撑或软化岩、土，降低坡体强度，从而诱发崩塌。

④不合理的人类活动。如开挖坡脚，地下采空、水库蓄水、泄水、堆（弃）渣填土等改变坡体原始平衡状态的人类活动，也会诱发崩塌活动。

还有一些其他因素，如冻胀、昼夜温度变化等也会诱发崩塌。

（4）崩塌发生的时间规律

发生崩塌的时间大致有以下规律：降雨过程之中或稍滞后，这是出现崩塌最多的时间；强烈地震或余震过程之中；开挖坡脚过程之中或滞后一段时间；水库蓄水初期及河流洪峰期；强烈的机械振动及大爆破之后。

4.滑坡

（1）什么是滑坡

滑坡是指斜坡上的土体或岩体，受河流冲刷、地下水活动、地震及人工切坡等因素的影响，在重力的作用下，沿着一定的软弱面或软弱带，整体地或分散地顺坡向下滑动的地质现象，俗称“地滑”“走山”“垮山”“山剥皮”“土溜”等。如图4-17所示。

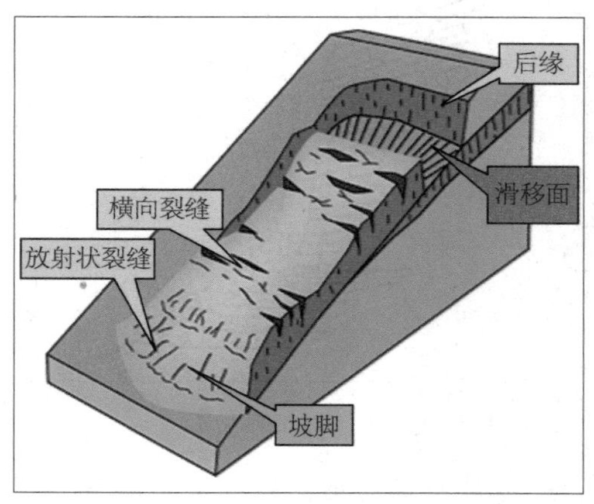

图4-17　滑坡示意图

根据滑体的物质组成，滑坡可分为堆积层滑坡、黄土滑坡、黏性土滑坡、岩层（岩体）滑坡和填土滑坡。按照滑体体积大小，可分为巨型滑坡（>1 000万立方米）、大型滑坡（100～1 000万立方米）、中型滑坡（10～100万立方米）和小型滑坡（<10万立方米）。

滑坡作为山区的主要自然灾害之一，常常给工农业生产以及人民生命财产造成巨大损失、有的甚至是毁灭性的灾难。滑坡对乡村最主要的危害是摧毁农田、房舍、伤害人畜、毁坏森林、道路以及农业机械设施和水利水电设施等，有时甚至给乡村造成毁灭性灾害；位于城镇附近的滑坡常常砸埋房屋，伤亡人畜，毁坏田地，摧毁工厂、学校、机关单位等，并毁坏各种设施，造成停电、停水、停工，有时甚至毁灭整个城镇；发生在工矿区的滑坡，可摧毁矿山设施，伤亡职工，毁坏厂房，使矿山停工停产，常常造成重大损失。滑坡除给人类造成上述几方面的主要危害外，在水利水电工程、公路、铁路、河运及海洋工程方面也经常造成很大危害，并且除直接危害人类外，还常常产生一些次生灾害间接危害人类。

（2）形成滑坡的内在条件

①岩土类型。岩土体是产生滑坡的物质基础。结构松散、抗风化能力较低，在水的作用下其性质能发生变化的岩、土，如松散覆盖层、黄土、红黏土、页岩、泥岩、煤系地层、凝灰岩、片岩、板岩、千枚岩等及软硬相间的岩层所构成的斜坡易发生滑坡。

②地质构造条件。组成斜坡的岩体只有被各种构造面切割分离成不连续状态时，才有可能向下滑动。同时，构造面又为降雨等水流进入斜坡提供了通道。故各种节理、裂隙、层面、断层发育的斜坡，特别是当平行和垂直斜坡的陡倾角构造面及顺坡缓倾的构造面发育时，最易发生滑坡。

③地形地貌条件。只有处于一定的地貌部位，具备一定坡度的斜坡，才可能发生滑坡。一般江、河、湖（水库）、海、沟的斜坡，前缘开阔的山坡、铁路、公路和工程建筑物的边坡等都是易发生滑坡的地貌部位。坡度大于10°，小于45°，下陡中缓上陡、上部成环状的坡形是产生滑坡的有利地形。

④水文地质条件。地下水活动在滑坡形成中起着主要作用，它的作用主要表现在：软化岩、土，降低岩、土体的强度，产生动水压力和孔隙水压力，潜蚀岩、土，增大岩、土容重，对透水岩层产生浮托力等。尤其是对滑面（带）的软化作用和降低强度的作用最突出。

（3）诱发滑坡的外界因素

诱发滑坡的外界因素主要有：地震、降雨和融雪、地表水的冲刷、浸泡、河流等地表水体对斜坡坡脚的不断冲刷；不合理的人类工程活动，如开挖坡脚、坡体上部堆载、爆破、水库蓄（泄）水、矿山开采等都可诱发滑坡，还有如海啸、风暴潮、冻融等作用也可诱发滑坡。

（4）人类活动与滑坡

违反自然规律、破坏斜坡稳定条件的人类活动都会诱发滑坡。例如：

①开挖坡脚。修建铁路、公路、依山建房、建厂等工程，常常因使坡体下部失

去支撑而发生下滑。例如我国西南、西北的一些铁路、公路，因修建时大力爆破、强行开挖，事后陆陆续续地在边坡上发生了滑坡，给道路施工、运营带来危害。

②蓄水、排水。水渠和水池的漫溢和渗漏，工业生产用水和废水的排放、农业灌溉等，均易使水流渗入坡体，加大孔隙水压力，软化岩、土体，增大坡体容重，从而促使或诱发滑坡的发生。水库的水位上下急剧变动，加大了坡体的动水压力，也可使斜坡和岸坡诱发滑坡发生。

此外，厂矿废渣的不合理堆弃，使斜坡支撑不了过大的重量，失去平衡而沿软弱面下滑而产生滑坡；劈山开矿的爆破作用，可使斜坡的岩、土体受震动而破碎产生滑坡；在山坡上乱砍滥伐，使坡体失去保护，有利于雨水等水体的入渗从而诱发滑坡等等。如果上述的人类作用与不利的自然作用相互结合，就更容易促进滑坡的发生。

5.泥石流

（1）什么是泥石流

由暴雨、冰雪融水或库塘溃坝等水源激发，使山坡或沟谷中的固体堆积物混杂在水中沿山坡或沟谷向下游快速流动，并在山坡坡脚或出山口的地方堆积下来，就形成了泥石流。如图4-18所示。泥石流经常突然爆发，来势凶猛，沿着陡峻的山沟奔腾而下，山谷犹如雷鸣，可携带巨大的石块，在很短的时间内将大量泥沙石块冲出沟外，破坏性极大，常常给人类生命财产造成很大危害。如图4-19所示。

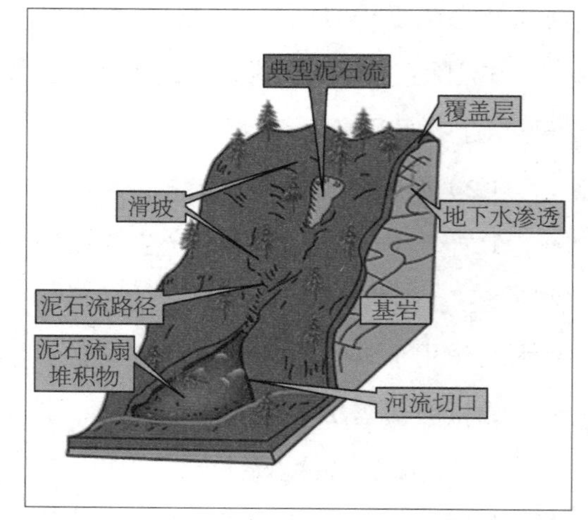

图4-18　典型泥石流示意图

图4-19　泥石流的危害

按流域的沟谷地貌形态，泥石流可分为沟谷型泥石流和坡面型泥石流。沟谷型：沿沟谷形成，流域呈现狭长状，规模大。山坡型：为坡面地形，沟短坡陡，规模小。

泥石流常常具有爆发突然、来势凶猛、迅速的特点。并兼有崩塌、滑坡和洪水破坏的双重作用，其危害程度往往比单一的滑坡、崩塌和洪水的危害更为广泛和严重。它对人类的危害具体表现在以下四个方面：

①对居民点的危害。泥石流最常见的危害之一是冲进乡村、城镇，摧毁房屋、工厂、企事业单位及其他场所、设施。淹没人畜，毁坏土地，甚至造成村毁人亡的灾难。

②对公路、铁路及桥梁的危害。泥石流可直接埋没车站、铁路、公路，摧毁路基、桥涵等设施，致使交通中断，还可引起正在运行的火车、汽车颠覆，造成重大的人身伤亡事故。有时泥石流汇入河流，引起河道大幅度变迁，间接毁坏公路、铁路及其他构筑物，甚至迫使道路改线，造成巨大经济损失。

③对水利、水电工程的危害。主要是冲毁水电站、引水渠道及过沟建筑物，淤埋水电站水渠，并淤积水库、磨蚀坝面等。

④对矿山的危害。主要是摧毁矿山及其设施，淤埋矿山坑道、伤害矿山人员、造成停工停产，甚至使矿山报废。

（2）形成泥石流的基本条件

泥石流的形成必须同时具备三个条件：

①地形地貌条件。地形上，山高沟深、地势陡峻，沟床纵坡降大，沟谷形状便于水流汇集。沟谷上游地形多为三面环山，一面出口的瓢状或漏斗状，周围山高坡陡，植被生长不良，有利于水和松散土石的集中；沟谷中游地形多为峡谷，沟底纵向坡降大，使泥石流能够向下游快速流动；沟谷下游出山口的地方地形开阔平坦，泥石流物质出山口后能够堆积下来。

②松散物质来源条件。沟谷斜坡表层岩层结构疏松软弱、易于风化、节理发育，有厚度较大的松散土石堆积物，可为泥石流形成提供丰富的固体物质来源；人类工程活动，如滥伐森林造成水土流失，采矿堆弃在沟谷的弃渣堆土等，往往也为泥石流提供大量的物质来源。

③水源条件。水既是泥石流的重要

组成部分，又是泥石流的重要激发条件和动力来源。泥石流的水源有暴雨、冰雪融水和水库（池）溃决下泄水体等。

（3）泥石流发生的时间规律

①季节性。泥石流的暴发主要受连续降雨、暴雨，尤其是特大暴雨等集中降雨的激发。因此，泥石流发生的时间规律与集中降雨时间规律相一致，具有明显的季节性。一般发生于多雨的夏秋季节。因集中降雨的时间的差异而有所不同。四川、云南等西南地区的降雨多集中在6—9月，因此，西南地区的泥石流多发生在6—9月；而西北地区降雨多集中在6、7、8三个月，尤其是7、8两个月降雨集中，暴雨强度大，因此，西北地区的泥石流多发生在7、8两个月。

②周期性。泥石流的发生受雨洪、地震的影响，而雨洪、地震总是周期性地出现。因此，泥石流的发生和发展也具有一定的周期性，且其活动周期与雨洪、地震的活动周期大体一致。当雨洪、地震两者的活动周期相叠加时，常常形成一个泥石流活动周期的高潮。

③泥石流的发生。一般是在一次降雨的高峰期，或是在连续降雨稍后。

6.地面变形

地面变形是指由于内、外动力地质作用和人类活动而使地面形态发生变形的破坏现象和过程。若地面变形造成经济损失和人员伤亡，则成为地面变形地质灾

——地学知识窗——

泥石流避险自救小常识

当处于泥石流区时，不能沿沟向下或向上跑，而应向两侧山坡上跑，离开沟道、河谷地带，但应注意，不要在土质松软、土体不稳定的斜坡停留，以防斜坡失稳下滑，应在基底稳固又较为平缓的地方暂停观察，选择远离泥石流经过地段停留避险。另外，不应上树躲避，因泥石流不同于一般洪水，其流动中可能剪断树木，使人卷入泥石流，所以上树逃生不可取。应避开河（沟）道弯曲的凹岸或地方狭小高度不高的凸岸，因泥石流有很强的掏刷能力及直进性，这些地方可能被泥石流体冲毁。

害，如构造运动引起的山地抬升和盆地下沉，抽取地下水、开采地下矿产等人类活动造成的地裂缝、地面沉降和塌陷（图4–20）等。随着人类活动的加强，人为因素已经成为引发地面变形地质灾害的重要原因。

图4–20　地面塌陷

参考文献

[1] 孔庆友. 地矿知识大系[M]. 济南：山东科学技术出版社, 2014.

[2] 李峰, 孔庆友. 山地地勘读本[M]. 济南: 山东科学技术出版社, 2002.

[3] 汪新文. 地球科学概论[M]. 北京：地质出版社, 1999.

[4] 夏邦栋. 普通地质学[M]. 北京：地质出版社, 1995.

[5] 吴泰然, 何国琦. 普通地质学[M]. 北京: 北京大学出版社, 2003.

[6] 徐九华. 地质学[M]. 北京：冶金工业出版社, 2001.

[7] 曹伯勋. 地貌学及第四纪地质学[M]. 北京: 中国地质大学出版社, 1995.

[8] 朱志澄, 韦必则, 张旺生, 等. 构造地质学[M]. 武汉: 中国地质大学出版社, 2008.

[9] 朱莜敏, 沉积岩石学（第4版）[M]. 北京: 石油工业出版社, 2008.

[10] 舒良树, 普通地质学[M]. 北京：地质出版社, 2010.

[11] 姚凤良, 孙丰月. 矿床学教程[M]. 北京: 地质出版社, 2006.

[12] 袁见齐, 朱上庆, 翟裕生. 矿床学[M]. 北京: 地质出版社, 1985.

[13] 潘懋, 李铁锋. 环境地质学[M]. 北京: 高等教育出版社, 2003.

[14] 吴正. 现代地貌学导论[M]. 北京: 科学出版社, 2009.

[15] 朱志澄, 韦必则, 张旺生, 等. 构造地质学[M]. 武汉: 中国地质大学出版社, 2008.